Arash Mokhtari Karchegani

Planta medicinal: Violeta doce (Viola odorata)

Arash Mokhtari Karchegani

Planta medicinal: Violeta doce (Viola odorata)

ScienciaScripts

Imprint

Cover image: www.ingimage.com

This book is a translation from the original published under ISBN 978-3-659-84770-7.

Publisher:
Sciencia Scripts
is a trademark of
Dodo Books Indian Ocean Ltd. and OmniScriptum S.R.L publishing group

120 High Road, East Finchley, London, N2 9ED, United Kingdom
Str. Armeneasca 28/1, office 1, Chisinau MD-2012, Republic of Moldova, Europe
Managing Directors: Ieva Konstantinova, Victoria Ursu
info@omniscriptum.com

Printed at: see last page
ISBN: 978-620-8-38319-0

ÍNDICE DE CONTEÚDOS

Agradecimentos

Gostaria de expressar a minha gratidão ao Acquisition Editor do Omniscriptum Publishing Group por nos ter oferecido a oportunidade de publicar na LAP LAMBERT Academic Publishing e ao elevado nível do Editor-Chefe que se ocupou da edição e processamento dos livros para obter a melhor qualidade final no momento da publicação.

Prefácio

A Organização Mundial de Saúde estimou que mais de 80% da população mundial nos países em desenvolvimento depende principalmente da fitoterapia para as necessidades básicas de cuidados de saúde. A fitoterapia é agora globalmente aceite como um sistema alternativo válido de terapia sob a forma de produtos farmacêuticos, alimentos funcionais, etc. A violeta-doce *(Viola odorata* L.) é uma planta medicinal-ornamental perene, pertencente à família Violaceae. A planta tem uma forte reputação popular no tratamento do cancro. A violeta-doce é tradicionalmente propagada por divisão do disco rizomatoso, mas para o cultivo em grande escala as sementes são preferidas. No entanto, a taxa de germinação desta planta medicinal é baixa devido à dormência severa das sementes. Recentemente, têm sido cada vez mais utilizadas técnicas de *cultura de tecidos de plantas*, que constituem um instrumento viável para a multiplicação em massa (micropropagação) e a conservação de germoplasma de plantas medicinais valiosas e ameaçadas de extinção. A micropropagação tem vantagens consideráveis na produção de plantas de alta qualidade. Este livro descreve a botânica, os ingredientes activos, as utilizações medicinais e as técnicas de propagação *in vitro* para obter reservas de plantas *de Viola odorata* de elite.Estou em dívida para com os meus colegas, Dr. Morteza Ebrahimi, Dr. Morteza Khan Ahmadi, Dr. Rasoul Amirian, Sr. Arezi, Sr. Zarie, e Mis. Moradi, do Instituto de Investigação em Biotecnologia Agrícola do Irão, pela sua valiosa ajuda de várias formas.

Arash Mokhtari Karchegani.

Capítulo 1

Introdução

1.1 Plantas medicinais

As plantas medicinais continuam a ser a principal fonte de medicamentos e, segundo a Organização Mundial de Saúde (OMS), ainda são utilizadas pela maioria das populações da maior parte dos países em desenvolvimento para as necessidades básicas de cuidados de saúde. O químico alemão Friedrich Wohler, em 1828, ao tentar preparar cianato de amónio a partir de cianeto de prata e cloreto de amónio, sintetizou acidentalmente ureia. Esta foi a primeira síntese orgânica da história e anunciou a era do composto sintético (Iqbal Ahmad et al., 2006). Estima-se em mais de 50 000 o número de espécies vegetais utilizadas para fins medicinais (Uwe Schippmann et al., 2002).

A percentagem de pessoas que utilizam medicamentos tradicionais está a diminuir nos países desenvolvidos: 40-50% na Alemanha, 42% nos EUA, 48% na Austrália e 49% em França (TITZ A. 2004). As plantas medicinais e aromáticas (PAM) desempenham um papel importante nos aspectos económicos, sociais, culturais e ecológicos das comunidades locais em todo o mundo. As plantas medicinais são de grande interesse, uma vez que as indústrias farmacêuticas dependem em parte das plantas para a produção de compostos secundários. São comercializadas como produtos de base e como produtos finais transformados. A procura de uma grande variedade de espécies está a aumentar à medida que estes mercados se expandem e se desenvolvem novas utilizações finais. Os produtos acabados feitos a partir de plantas medicinais e aromáticas são receitados e comprados sem receita médica. Durante um período de vinte anos (1981-2002), 61% dos novos medicamentos (incluindo 67% dos medicamentos para o tratamento do cancro e quase 70% dos anti-infecciosos) tinham novas entidades químicas derivadas ou inspiradas em produtos químicos naturais. O mercado global de medicamentos botânicos e derivados de plantas foi avaliado em 23,2 mil milhões de dólares em 2013 e 24,4 mil milhões de dólares em 2014. Prevê-se que este mercado total atinja 25,6 mil milhões de dólares em 2015 e quase 35,4 mil milhões de dólares em 2020, com uma taxa de crescimento anual composta (CAGR) de 6,6% de 2015 a 2020 (Fonte: BCC Research, 2015).

O elevado custo dos medicamentos modernos (a maioria dos quais tem de ser importada do Ocidente), a sua indisponibilidade em zonas remotas e, acima de tudo, os graves efeitos secundários de alguns medicamentos, fizeram com que, nos últimos anos, o pêndulo do tratamento médico voltasse a pender para o lado da medicina tradicional. Além disso, uma vez que uma grande parte dos medicamentos produzidos pela indústria farmacêutica é derivada de plantas medicinais, a procura destas matérias-primas está a aumentar constantemente. Esta procura é satisfeita através da recolha indiscriminada de plantas naturais ou do seu cultivo.

A maior parte do material comercializado (a nível nacional e internacional) continua a ser colhido em estado selvagem e apenas um pequeno número de espécies é cultivado. A colheita selvagem é a principal fonte de matéria-prima, causando a perda de diversidade genética e a destruição do habitat. Muitas das plantas medicinais são exploradas da flora natural para a produção comercial de medicamentos. Por conseguinte, a gestão dos recursos tradicionais de plantas medicinais tornou-se uma questão urgente. O material cultivado é mais adequado para utilizações em grande escala, como a produção de medicamentos por empresas farmacêuticas, que exigem produtos estandardizados de teor e qualidade garantidos ou conhecidos.

A semente da maioria das plantas medicinais é altamente heterozigótica e tem uma grande variação em termos de taxa de crescimento, hábito e rendimento, incluindo uma taxa lenta de multiplicação, factores edáficos e climáticos, dormência, baixa percentagem de germinação e de fixação de sementes. Assim, não são adequadas para materiais de plantação, particularmente em sistemas de produção comercial. Por vezes, apesar de uma elevada taxa de germinação, a uniformidade clonal não pode ser mantida através das sementes. Mas a maioria das plantas medicinais não pode crescer por meios vegetativos e as plantas propagadas vegetativamente podem ser infectadas por bactérias, fungos e vírus sistémicos nocivos.

Os ambientes controlados podem ultrapassar as dificuldades de cultivo e podem ser um meio de manipular a variação fenotípica dos compostos bioactivos e das toxinas. As ferramentas biotecnológicas têm sido aplicadas para a propagação em massa, a conservação de germoplasma, o estudo e a produção de compostos bioactivos e o melhoramento genético das plantas medicinais através da adoção de técnicas como a regeneração *in vitro* e a transformação genética. Podem também ser utilizadas para produzir metabolitos secundários utilizando plantas como bioreactores (Baratali Siahsar et al., 2011).

1.2 Técnica de cultura de tecidos de plantas

A cultura de tecidos vegetais, enquanto instrumento *in vitro* promissor para a produção de plantas, torna-se uma parte da biotecnologia e pode dar contributos importantes para alterar as vias de multiplicação e conservação das espécies, que são difíceis de regenerar por métodos convencionais. A cultura de tecidos e a transformação genética contribuem para alterar as vias de biossíntese de metabolitos-alvo e para conservar uma biodiversidade valiosa, salvando-a assim da extinção. As técnicas in vitro têm um grande potencial para a produção contínua e fiável de compostos bioactivos valiosos que não podem ser produzidos por síntese química ou microbiana (Yaseen Khan et al., 2009).

A propagação *in vitro* tem uma elevada taxa de multiplicação num curto período de tempo, numa área pequena e num ambiente controlado, sendo preferível ao método convencional de propagação e conduz à produção de plantas verdadeiras em grande número, sendo as preferidas para a multiplicação comercial (Yaseen Khan et al., 2009).

Esta técnica é independente das alterações climáticas ou das condições do solo e as plantas medicinais derivadas *in vitro* são geneticamente puras de elite.

As principais aplicações da cultura de tecidos vegetais no domínio das plantas medicinais são:

- Propagação em massa de materiais vegetais de elite.
- Introdução de indivíduos férteis geneticamente modificados, como um sistema modelo para aspectos básicos da fisiologia celular das plantas.
- Conservação de espécies raras, em perigo e ameaçadas.
- Conservação das espécies endémicas.
- Aumento da regulação/maior rendimento de compostos secundários através de culturas de suspensão celular.
- Interações planta-micróbio

A "cultura de células e tecidos de plantas" inclui uma variedade de técnicas e tornou-se a expressão generalizada de um tema vasto. Abrange todos os aspectos da cultura e manutenção de qualquer material vegetal, desde uma célula a um órgão específico, em condições *in vitro*. A cultura de tecidos é o processo pelo qual pequenos pedaços de tecido vivo (explantes) são isolados de um organismo e cultivados assepticamente durante longos períodos de tempo. Um explante é o tipo de tecido a partir do qual uma cultura é originalmente estabelecida. Pode variar entre sementes, raízes, gemas, hipocótilos, segmentos nodais, pólen, embrião, ou seja, qualquer tipo de tecido.

O corte do explante, a esterilização, o estabelecimento da cultura, a incubação em meios nutritivos e a subcultura são os passos principais num procedimento de cultura de tecidos de plantas. São necessários vários componentes para os meios de cultura:

- Água desionizada e destilada

- Macronutrientes (N, P, K, Ca, Mg, S, Cl)
- Micronutrientes (Mn, Cu, Zn, B, Na, I, Fe, Mo, Co, Al)
- Inositol
- Vitaminas (ácido nicotínico, tiamina, piridoxina)
- Açúcares (Sacarose)
- Reguladores de crescimento; Auxina, Citocinina, Giberelina
- Produtos orgânicos facultativos (extrato de levedura, leite de coco)
- Agente gelificante (Agar)

As culturas de plantas podem ser efectuadas em cultura líquida ou sólida em ágar. As culturas sólidas são utilizadas para a regeneração de plantas, embora as culturas líquidas também possam ser utilizadas.

A formulação mais comum do meio é a de Murashige e Skoog (1962). O meio de Murashige e Skoog (MS) foi desenvolvido para a cultura de explantes de tabaco e foi formulado com base numa análise dos compostos minerais presentes no tecido do tabaco. Apresenta teores relativamente elevados de sais, nomeadamente de K e N.

O processo de cultura de tecidos, desde os explantes até às plantas maduras, envolve

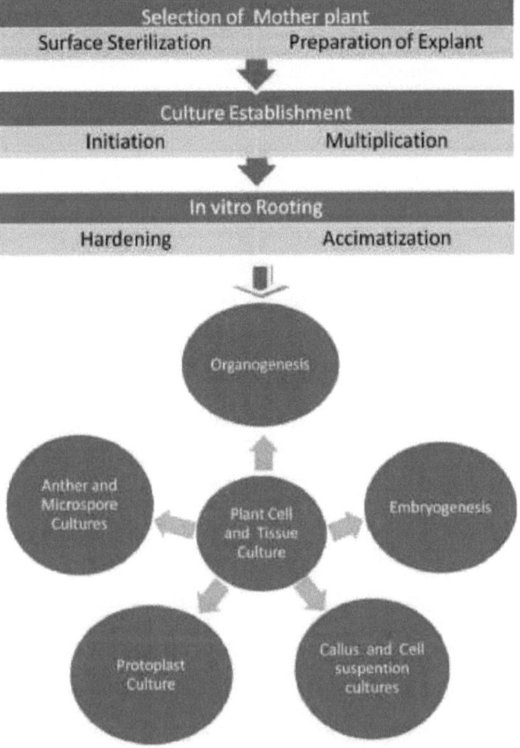

quatro etapas básicas, incluindo a pré-propagação, a iniciação de explantes, a subcultura de explantes para proliferação, a rebentação, a indução de raízes e a aclimatação de plantas derivadas *in* vitro.

São vários os tipos de cultura mais utilizados nos estudos de propagação e transformação de plantas. No que respeita aos aspectos práticos, podem distinguir-se principalmente cinco domínios: Culturas de órgãos ou meristemas, culturas de protoplastos, culturas de anteras e micrósporos, culturas de calos e culturas de suspensão celular (Sridhar T. M. e Aswath C. R., 2014; Figura 1).

Figura 1. Uma visão geral do protocolo regular de cultura de células e tecidos vegetais e aspectos práticos. (Fonte: Sridhar T. M. e Aswath C. R., 2014).

Cultura de calos

A elevada plasticidade para a diferenciação celular é uma caraterística central das células vegetais. As plantas desenvolvem massas celulares não organizadas, como calos e tumores, em resposta a vários estímulos bióticos e abióticos. O calo é uma massa desorganizada e proliferativa de células vegetais diferenciadas, e geralmente ocorre naturalmente como resposta a ferimentos. Pode ser induzido através da cultura de tecido vegetal num meio. A aplicação exógena de auxina e citocinina induz calos em várias espécies de plantas; uma proporção intermédia de auxina e citocinina promove a indução de calos, enquanto uma proporção elevada de auxina para citocinina ou citocinina para auxina induz a regeneração de raízes e rebentos, respetivamente (Sridhar T. M. e Aswath C. R., 2014).

O calo pode ser produzido a partir de uma única célula diferenciada, e muitas células do calo são totipotentes, sendo capazes de regenerar todo o corpo da planta. A totipotência é uma caraterística celular na qual o potencial para formar todos os tipos de células no organismo adulto é mantido.

Em cultura, o tecido vegetal excisado perde a sua integridade estrutural e transforma-se numa massa de células desorganizada que prolifera rapidamente e que é designada por tecido de calo. Durante a formação do calo, há um certo grau de desdiferenciação (ou seja, as mudanças que ocorrem durante o desenvolvimento e a especialização são, até certo ponto, revertidas), tanto na morfologia (um calo é geralmente composto de células parenquimatosas não especializadas) quanto no metabolismo. Um dos principais resultados desta desdiferenciação é que a maioria das culturas de plantas perde a capacidade de fotossíntese. Isto tem consequências importantes para a cultura de tecido de calo, uma vez que o perfil metabólico provavelmente não corresponderá ao da planta dadora. Isto requer a adição de outros componentes - tais como vitaminas e, mais importante, uma fonte de carbono - ao meio de cultura, para além dos nutrientes minerais habituais (Kuldeep Yadav et al., 2012).

As culturas de calos são extremamente importantes na biotecnologia vegetal. A manipulação do rácio auxina/citocinina no meio pode dar origem a rebentos, raízes ou embriões somáticos a partir dos quais podem ser produzidas plantas inteiras.

O sistema melhorado de cultura de plantas *in vitro* tem potencial para a produção comercial de culturas medicinais em grande escala. Tendo em conta o que precede, é apresentada uma panorâmica geral da *Viola odorata,* uma planta medicinal importante e ameaçada de extinção. Foi dado especial destaque à germinação de sementes *in vitro*, à indução de calos e ao sistema de regeneração de plantas para a propagação em massa de *Viola odorata.*

Capítulo 2

Descrição da *Viola odorata* L.

2.1 Hierarquia taxonómica

Reino: Plantae - plantes, Planta, Vegetal, plantas

Sub-reino: Viridiplantae

Infra-reino: Streptophyta - plantas terrestres

Superdivisão: Embriófitas

Divisão: Tracheophyta - plantas vasculares, traqueófitas

Subdivisão: Spermatophytina - espermatófitos, plantas com sementes,

Classe: Magnoliopsida

Superordem: Rosanae

Encomendar: Malpighiales

Família: Violaceae - violetas, violetas

Género: Viola L. - violetas, violeta

Espécies: *Viola odorata* L. - violeta doce

2.2 Nomes

- **Nome científico**

  Viola odorata L.

  "O nome científico do género "Viola" vem do latim. Por sua vez, vem da palavra grega "Ione", que era a amante de Júpiter, a mulher de Júpiter tinha ciúmes dela, então Júpiter protegeu-a transformando-a num bezerro que era alimentado no prado. Para que "Ione" pudesse comer bem, Júpiter forneceu-lhe violetas".

  Uma outra derivação da palavra Violeta é dita ser de *Vias* (caminho).

  O nome da espécie "odorata" (=cheiro) vem do latim e refere-se ao aroma intenso caraterístico que esta violeta produz.

- **Sinónimos**

  Viola odoraNeck, Viola odorata f. *odorata, Viola wiedemannii* Boiss

- **Nomes comuns/ingleses**

Apple Leaf, Bairnworth, Banworth, Blue Violet, Common Blue Violet, Common Violet, Devon Violet, English Violet, Florist's Violet, Garden Violet, Ordinary Violet, Parma Violet, Purple Violet, Russian Violet, Sweet Blue Violet, Sweet Dog-Violet, Sweet-Scented Violet, Sweet Violet, Violet

- Nomes Vernáculas

Albanês: Manushaqja

Árabe: Asarun, Banafasaj, Banafsag, Banafsaj, Banafshaj, Banafshaj Banafsaj, Behussej, Benephig, Farfeera

Brasil: Viola, Violeta (português)

Chinês: Hu Chin Tsao, Xiang Jin Cai

Checo: Violka Vonna

***Dinamarquesa**:* Marts-Viol, Viol

Neerlandês: MaartsViooltje

Estónio: Lohnav Kannike

Esperanto: Violo Hega

Finlandês: Tuoksuorvokki

Francês: Violette, Violette De Mars, Violette Odorante

Gaélico: Sailchuach Chumhra

Alemão: Duft-Veilchen, Echtes Veilchen, Marzveilchen, Veilchen, Wohlriechendes Veilchen

Húngaro: Illatos Ibolya

Islandês: Ilmfjola

***Índia*:** Bag-Banosa, Banafsa, Banafsha, Banafshah, Banaphsa (Hindi), Bagabanosa (Marathi), Banafsha, Banapsa, Nilapuspa, Vanaphsa, Vanspika (Sânscrito), Curiyakan Ti, Orital-T-Tamarai, Ratna Purus, Ratnapurucu, Vayilethe, Vayilettu (Tamil), Abroo, Banafsha, Banafshah, Gul Banafsha, Gul Banafshah, Gul-E-Banafsha (Urdu)

***Indonésia*:** Antanan (javanês)

Italiano: Mammola, Roseviole, Viola Mammola, Viola Zopa, Violetta

***Japonês*:** Nioi-Sumire

***Norueguês*:** Marsfiol

***Persa*:** Baanfshah, Banafsha, Banafshah, Gule Banafsha, Kookash

***Filipinas*:** Bayoleta (Cebu-Bisaya), Violeta (Tagalog)

Polaco: Fiolek, Fiolek Wonny

***Russo*:** Fialka, Fialka Duschistaja

Eslováquia: Diseca Vijolica, Diseca Vijolica

Eslovénia:*Fialka* Vonava
Espanhol: Viola, Violeta
Sueco: Akta fiol, Akta viol, Doftviol, Luktviol
Tailandês: Waiolet
Turco: Dort Mevsim Menek§e
Vietnamita: Hoa Tim Thom
Galês: Fioled Ber

2.3 Botânica

A Viola odorata é uma erva dura, em roseta e perene que cresce até 15 cm de altura. Os caules são curtos e erectos, espalhando-se por estolhos pouco peludos. As folhas são verde-escuras, caulinares, com pecíolos longos e finos até 12 cm de comprimento. Lamina mais ou menos circular a largo-ovalada, com 2-7 cm de comprimento, profundamente cordada na base; margens finamente crenadas; glabra a ligeiramente pubescente (Figura 2. b e c). As estípulas são inteiras, ovadas a lanceoladas, glandulares, ciliadas, com 10-13 mm de comprimento. Flores solitárias e axilares; caules de 6-12 cm de comprimento, axilares; bractéolas próximas do meio. Sépalas com 5-6 mm de comprimento; pétalas 5, brancas ou azuis a violeta-púrpura, a pétala inferior com 1,2-1,6 cm de comprimento, incluindo o esporão de 3-4 mm de comprimento, as 3 inferiores não barbadas, o par lateral geralmente barbado; sépalas 5, lanceoladas; cabeças de estilo em gancho. Distingue-se das restantes violetas principalmente pelo facto de possuir um estilo em forma de gancho (Figura 2. a, b e c). A violeta doce é uma das espécies que apresenta flores cleistogâmicas[1] e flores casmogâmicas[1 2] : as primeiras são fechadas e não necessitam de polinização externa para produzir sementes, enquanto as segundas são polinizadas por insectos. Há muita discussão entre os botânicos sobre as razões e a importância relativa deste polimorfismo floral, embora haja claramente uma estratégia adaptativa em funcionamento para aumentar o sucesso reprodutivo em diferentes condições, quando os insectos polinizadores podem ou não estar disponíveis. Floresce de meados do inverno até ao início da primavera (finais de fevereiro a abril). Em março pode ser encontrada em maior abundância, devido a este período de floração, em França, Alemanha ou Holanda é também conhecida como a Flor de março. Fruto pequeno, cápsula lisa com sementes minúsculas de cor creme.

---

[1] - **A cleistogamia** ou **autopolinização automática** descreve a caraterística de certas plantas de se propagarem através de flores que não se abrem e que se autopolinizam.

[2] - **A casmogamia** é um mecanismo de reprodução vegetal em que a polinização ocorre em **flores casmogâmicas**. As flores casmogâmicas são geralmente vistosas, com pétalas abertas rodeando as partes reprodutivas expostas.

Figura 2. Flores e folhas (a), close-up da flor (b) e flores rosa-púrpura (c). Fonte: Lim T. K. (2014).

2.4 *Origem/Distribuição*

A distribuição da *Viola odorata* é muito alargada pelo cultivo humano (incluindo a América do Norte e a Australásia), mas pensa-se que a sua área de distribuição natural se centra na região mediterrânica, no sudoeste da Europa e na Ásia Ocidental. É considerada uma planta nativa britânica, que cresce sobretudo em Inglaterra. A planta é cultivada noutros locais nas zonas temperadas e subtemperadas, muitas vezes escapando e naturalizando-se. Esta planta é cultivada para controlo da erosão nas montanhas de Java e como erva medicinal na Índia e em Cuba.

2.5 *Agroecologia*

A violeta doce cresce principalmente em solos alcalinos, mas também pode ser encontrada em solos ácidos com baixa concentração de cálcio (pH 4,1 - 7,8). As violetas encontram-se geralmente em solos com menor teor de fósforo e maior teor de potássio e necessitam de alguma humidade para viverem adequadamente, preferindo assim zonas sombrias sob as árvores e paredes com pouca luz solar. O solo ideal é um solo profundo e arenoso. Cresce em climas frescos e não gosta dos trópicos quentes, dos verões quentes e secos e dos ventos quentes e secos. Na sua área de origem, a violeta doce pode ser encontrada perto das orlas das florestas ou em clareiras, sebes; é também uma erva daninha comum em relvados sombreados ou noutros locais dos jardins. Tolera o sol pleno no inverno e onde os Verões são amenos, e a sombra parcial ou salpicada nas outras estações e situações. Dá-se melhor em solos húmidos, de drenagem livre, profundos e ricos em matéria orgânica, de preferência a partir de folhas caídas compostadas.

Um dos pontos essenciais para o sucesso do cultivo de violetas, quer para a comercialização das flores cortadas, quer para fins medicinais, é uma atmosfera limpa. Raramente se dão bem perto de uma cidade, porque a parte inferior das folhas está coberta de pêlos, que apanham a areia, bloqueando assim os poros respiratórios (Renata Erhatic et al., 2010).

2.6 Utilizações comestíveis

Várias partes da violeta doce, tais como folhas jovens, botões de flores e flores, cruas ou cozinhadas, são comestíveis. A flor de aroma doce (sabor semelhante ao da alface) pode ser utilizada como aromatizante em saladas, vinagre de manteiga, sobremesas, bolos ou bebidas. O xarope de violeta com xarope de limão e ácido acético é um excelente prato no verão. O xarope é um dos principais ingredientes do sorvete oriental. As folhas jovens também são utilizadas em saladas e sopas. O extrato das folhas é adequado para aromatizar os doces, os produtos de pastelaria e os gelados. Um chá reconfortante pode ser feito de flores e folhas. No recente Chelsea Flower Show, o chefe de cozinha de topo Marcus Wareing utilizou flores de violeta doce para decorar o seu gin tónico granita, uma versão invulgar da famosa bebida inglesa (Lim T.K., 2014).

2.7 Propriedades nutricionais e medicinais

A análise elementar das várias partes da violeta doce é bem definida. A concentração de carbono, oxigénio, potássio, magnésio, alumínio, silício, ferro, cálcio, cloro e sódio é variada nas diferentes partes da planta, como uma elevada percentagem de azoto e potássio nas partes vegetativas, cálcio nas raízes e fósforo e enxofre acumulados nas flores.

De acordo com (Lim T.K., 2014), a análise elementar nas flores, folhas e caules/raízes é descrita a seguir:

- Flores:

As flores da violeta doce continham C (47,26 %), O (42,39 %), K (5,06 %), Mg (0,9 %), Al (0,45 %), Si (1,37 %), Fe (0,39 %), Ca (1,53 %) e Cl (0,64 %). A flor de *V. odorata* continha 4,0 % de antocianinas, 1,1 % de flavonóides, 0,4 % de exterior, 18,0 % de mucilagem e 8,5 % de cinzas. O 3, 4- dimetil-heptano é extraído das flores.

Os constituintes do óleo essencial de flores são: linalol, terpineol, acetato de benzilo, salicilato de metilo, eugenol, éster etílico do ácido pentadecanóico, pentaoxahexadecano-1-ol, tetraoxahexadecano-1-ol, octadecadienal, éster etílico do ácido octadecatrienóico, pentaoxanonadecano-1-ol, ionina, saponinas, glicosídeo, mucilagem, vitaminas A e C e alcalóides do ácido hexadecanóico. Cerca de 80% do óleo total é composto por diferentes constituintes do óleo essencial. O óleo de violeta doce tem uma elevada proporção de monoterpenos e sesquiterpenos.

As iononas, incluindo a a-ionona, a 0-ionona e a 0-di-hidroionona, bem como o éter dimetílico da hidroquinona ou o 1,4-dimetoxibenzeno, são os principais constituintes que estão na origem do perfume doce específico das flores.

Glicosídeos de flavonol, como o glicosídeo de quercetina-3-O-a-rhamnopiranosil-(1 ^ 2)-[a- rhamnopiranosil(1^-6)]-0-glucopiranosídeo-7-O-a-rhamnopiranosídeo; kaempferol 3- O-a-rhamnopyranosyl-(1 ^ 2)-[a-rhamnopyranosyl (1 ^ 6)]-0-glucopyranoside-7-O- a-rhamnopyranoside; violanina [delfinidina-3-(4"-pcoumaroyl)-rutinoside-5-glucósido]; quercetina-3-O-a-rhamnopyranosyl(1 ^ 2)-[a-rhamnopyranosyl-(1 ^6)]- 0-glucopyranoside; cianidina-3-(cumaroil)-metilpentosil-exosil-5-exósido; kaempferol-3-O-a-rhamno piranosil(1 ^2)[a-rhamnopiranosil-(1 ^6)]-p-glucopiranosídeo; quercetina-3-O-rutinosídeo (rutina); quercetina-3-O-glucopiranosídeo; kaempferol-3-O-rutinosídeo (nikotiflorina); kaempferol-3-O-glucopiranosídeo; kaempferol-7-O-glucopiranosídeo; e apigenina-7-O-glucopiranosídeo foram identificados em flores de violeta doce.

- **Folhas:**

As folhas da violeta doce continham C (48,86 %), O (44,60 %), K (3,96 %), Mg (0,51 %), Al (0,0 %), Si (0,49 %), Fe (0,0 %), Ca (1,10 %) e Cl (0,48 %). Entre os 100 compostos presentes nas folhas, apenas 23 compostos, como o 1-dodecanol, o pentadeca-5,10-dien-1-ol, o pentadec-5-en-1-ol, o 3-pentadecenal, o 2,5-heptadien-1-ol, o 2,4- dimetildodecano, o 1-octadeceno, o 1-eicoseno e o ácido octadeca-9,12-dienóico, representam 95 % do total de voláteis presentes nas folhas de violeta doce.

- **Caules/raízes:**

Os caules da violeta doce continham C (43,92 %), O (47,13 %), K (2,32 %), Mg (0,76 %), Al (0,55 %), Si (1,91 %), Fe (0,62 %), Ca (2,20 %) e Cl (0,58 %). Saponinas, como um emético e expetorante, ácido salicílico, éster metil salicílico e gaultherina (glicosídeo do ácido metil salicílico) foram encontrados nas raízes de *V. odorata.* As raízes têm C (43,49 %), O (45,96 %), K (2,10 %), Mg (0,78 %), Al (0,89 %), Si (3,02 %), Fe (0,85 %), Ca (2,16 %), Na (0,28 %) e Cl (0,47 %).

Capítulo 3

Utilizações medicinais

3.1 Atividade anticancerígena

Os ciclopeptídeos, conhecidos como peptídeos derivados de plantas, que têm uma espinha dorsal ciclizada cabeça-cauda e uma disposição em nó de três ligações dissulfureto, resultam numa estrutura conservada, denominada CCK (nó de cistina cíclico), que é responsável pela sua estabilidade invulgar à degradação térmica, química e enzimática (Ireland D.C. et al., 2006). Os ciclotídeos têm uma variedade de actividades biológicas, tais como actividades antimicrobianas, antitumorais e anti-HIV. Estas mini-proteínas são sintetizadas pela via ribossómica e possuem várias bioactividades e resistências excepcionais, pelo que são candidatos adequados para aplicações de conceção de fármacos (Zarrabi et al., 2013).

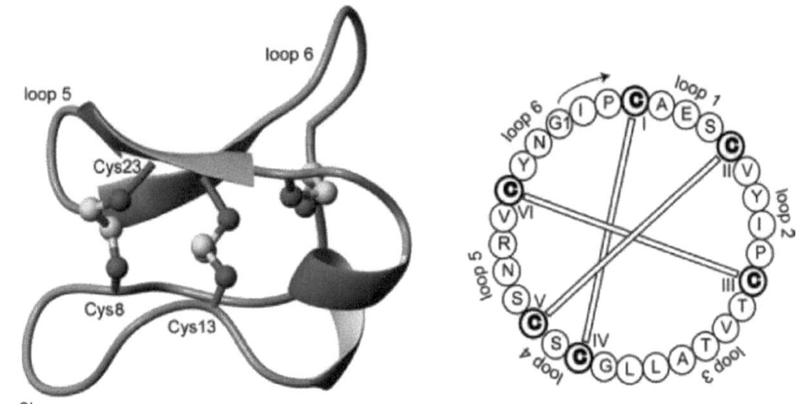

Figura 3. Estrutura (PDB ID: 1NBJ) e sequência da ciclotidecicloviolacinaO1. Fonte: Ireland D.C. et al., (2006).

Estas pequenas proteínas ricas em dissulfureto encontram-se em plantas das famílias Violaceae, Rubiaceae e Cucurbitaceae e outras famílias (Craik D.J., 2010). Algumas plantas medicinais possuem 10100 ciclotídeos em várias partes, incluindo folhas, caules, flores e raízes *(apêndice 1).* Os ciclotídeos derivados de plantas são considerados como uma abordagem relativamente económica para a produção destas moléculas valiosas. No entanto, o custo da síntese química utilizando métodos de síntese de péptidos em fase sólida com flurenilmetiloxicarbonilo (FMOC) ou terc-butiloxicarbonilo (BOC) é estimado em cerca de centenas a 1000 USD. Por outro lado, a dobragem *in vitro* de alguns ciclotídeos, como os que têm a topologia de bracelete, é difícil e aumenta o custo da síntese laboratorial. Além disso, um sistema de expressão vegetal seria 14

A produção de ciclotídeos é naturalmente "plug-and-play", permitindo assim que os canais de produção sejam adaptáveis às necessidades dos consumidores. Embora possa levar vários meses a um ano para produzir uma planta que produza ciclotídeos, espera-se que a repetibilidade do método tenha poder. Por conseguinte, a produção de ciclotídeos em sistemas à base de plantas como uma alternativa adequada pode reduzir o custo da síntese *in vitro* (Craik, 2015). Assim, a produção de ciclotídeos em sistemas à base de plantas como uma alternativa adequada pode reduzir o custo da síntese *in vitro*. .

De acordo com Lim T.K. (2014), três ciclotídeos, varvA, varvF e cycloviolacinO2, isolados de *V. arvensis* e *V. odorata,* apresentaram fortes actividades citotóxicas, que variaram de uma forma dependente da dose contra um painel de 10 linhas de células tumorais humanas, quatro linhas de células parentais sensíveis [CCRF-CEM (leucemia de células T), NCI-H69 (cancro do pulmão de pequenas células), RPMI-8226/s (mieloma) e U-937GTB (linfoma histiocítico)], cinco sub-linhagens resistentes aos medicamentos [CCRF-CEM/VM-1 (leucemia de células T), NCI-H69AR (cancro do pulmão de pequenas células), RPMI-8226/Dox40 (mieloma), RPMI-8226/LR-5 (mieloma) e U-937VCR (linfoma histiocítico)] e uma linha celular com resistência primária [ACHN (adenocarcinoma renal)]. A cicloviolacinaO2 (CyO2) foi considerada a mais potente em todas as linhas celulares. Tem efeitos antitumorais e provoca a morte celular por permeabilização da membrana.

A Viola odorata é considerada um remédio eficaz para o tratamento de alguns tipos de cancro. Há muito tempo que as tribos aborígenes da Índia utilizam a planta para a cura completa do cancro entre o seu povo. Os ciclotídeos da viola odorata são proteínas vegetais com uma estabilidade estrutural excecional, devido ao seu motivo de nó de cisteína e à espinha dorsal de péptido cíclico. A cicloviolacina O2 (CyO2), um ciclotídeo de *V. odorata*, tem efeitos antitumorais e causa a morte celular por permeabilização da membrana (Gerlach et al., 2009). O efeito anticancerígeno do ciclotídeo isolado cicloviolacina O2 de *viola odorata* foi estudado, os ciclotídeos pertencem à maior família de proteínas naturalmente ciclizadas com potente atividade citotóxica. Num estudo experimental, foi demonstrado que o extrato da planta provoca a desintegração das membranas celulares de linhas celulares de linfoma humano expostas (Gerlach et al., 2010). Os ciclotídeos têm fortes actividades citotóxicas dependentes da dose e, graças à sua estabilidade química e biológica, constituem uma ferramenta farmacológica potencial como agentes antitumorais. Foi demonstrado que os ciclotídeos com uma citotoxicidade robusta podem ser agentes quimio-sensibilizadores promissores contra o cancro da mama resistente aos medicamentos (Gerlach et al., 2010). Os ciclotídeos rompem a bicamada das membranas lipídicas e formam poros multiméricos com actividades semelhantes a canais que permitem a acumulação intracelular de doxorrubicina em células de cancro da mama resistentes a medicamentos (Gerlach et al., 2010).

Na linha de cancro da mama MCF-7 e na sua sub-linha resistente aos medicamentos MCF-7/ADR, o CyO2 não produziu uma rutura significativa da membrana nas células endoteliais primárias do cérebro humano, o que sugere a especificidade dos ciclotidos para a formação de poros induzidos em células tumorais altamente proliferantes (Gerlach et al., 2010).

3.2 Atividade Antioxidante

A atividade antioxidante da *V. odorata* tem a ver com as antocianinas, como um dos pigmentos flavonóides. As antocianinas que ocorrem em tecidos como folhas, caules, raízes e flores (Naeem et al., 2013), mas de acordo com Ebrahimzadeh et al.,(2010) as folhas de *V.odorata* tinham uma atividade antioxidante mais elevada do que outras partes das plantas O extrato de folhas de *V. odorata* exibiu atividade antioxidante *in vitro*. O IC5o para a eliminação de H2O2 foi de 640 gg/ml e na capacidade de quelação de Fe^{2+} , o seu valor IC50 foi registado como 188 gg/ml.

A atividade antioxidante do calo derivado *in vitro* e do extrato da planta selvagem foi comparada pelo método DPPH (a, a-difenil-0-picrilhidrazil). Os resultados mostraram que a atividade antioxidante do calo formado *in vitro* é mais elevada do que a das plantas selvagens (Naeem et al., 2013). O extrato aquoso da flor mostrou potencial antioxidante utilizando a eliminação do radical2, 2-difenil-1-picril-hidrazila (Mittal et al., 2015).

As polifenol oxidases (PPO), presentes em plantas, fungos e outros organismos, são uma família de enzimas contendo cobre com centros de cobre dinucleares. As reacções de acastanhamento em legumes e frutas resultam das reacções de oxidação e desidrogenação de polifenóis que são catalisadas por polifenol oxidases (PPOs). O acastanhamento tem uma influência negativa na sua cor, sabor, aroma e valor nutricional. O tipo de monofenoloxidase das PPOs é conhecido como tirosinase (TYR). Como o escurecimento causa grandes problemas agrícolas e económicos, a inibição da TYR é importante na indústria alimentar. Além disso, os inibidores da TYR são utilizados popularmente em produtos de branqueamento da pele na indústria cosmética, uma vez que a procura destes agentes cosméticos está a aumentar. No entanto, a inibição da família de enzimas colinesterase, constituída pela acetilcolinesterase (AChE) e pela butirilcolinesterase (BChE), é a abordagem mais eficaz para o tratamento da demência do tipo Alzheimer, uma vez que se tornou um problema de saúde grave, especialmente nos países desenvolvidos, devido ao aumento da população idosa (Orhan I. E. et al., 2015).

O extrato etanólico de *V. odorata* inibiu o TYR (80,23 ± 0,87% a 100ggmL^{-1}), embora nenhum deles tenha sido capaz de inibir as colinesterases. Os extractos foram mais capazes de eliminar o radical NO (31,98 ± 0,53-56,68 ± 1,10%) do que outros radicais testados, e apresentaram uma atividade baixa a moderada nos restantes ensaios. A análise HPLC mostrou que o extrato aquoso de *V. odorata* continha uma vitexina substancial (18,81 ± 0,047 mg. g^{-1} extrato), enquanto o extrato etanólico também possuía rutina (1,31 ± 0,013 mg g^{-1} extrato) e vitexina (4,65 ± 0,103 mg g^{-1} extrato). E três flavonóides (rutina, isovitexina e kaempferol-6-glicosídeo) foram isolados do extrato de etanol. Este é o primeiro relatório sobre a atividade inibidora da TYR da *V. odorata*, bem como sobre a presença de vitexina e isovitexina nesta espécie (Orhan I. E. et al., 2015).

3.3 Atividade antiviral/ antimicrobiana

É provável que os ciclotídeos sejam importantes no sistema de defesa inato das plantas hospedeiras, devido ao seu efeito em diferentes actividades biológicas, tais como propriedades antimicrobianas, antivirais, citotóxicas e inibidoras do crescimento de insectos. A violeta doce contém ciclotídeos, pequenos péptidos com 28-37 aminoácidos que possuem actividades biológicas importantes, tais como atividade antimicrobiana, inseticida, anti-HIV, uterotónica, antineurotensiva, citotóxica e hemolítica.

De acordo com a homologia das sequências, os ciclotídeos podem ser classificados nas subfamílias bracelete e Mobius. A subfamília bracelete, um membro da subfamília Mobius, kalata B1, apresenta atividade anti-HIV, apesar das extensas diferenças de sequência entre as subfamílias (Daly N. L. et al., 2004). A atividade anti-HIV do ciclotídeo kalata B1 pode ser atribuída à sua capacidade de atingir e romper as membranas das partículas de HIV; as membranas do tipo jangada são ricas em fosfolípidos fosfatidiletanolamina (Henriques et al., 2011).

Num estudo realizado por Kumar et al., (2015) os extractos de metanol e etanol das folhas de *V. odorata* foram considerados eficazes contra todas as estirpes de bactérias testadas, mas os fungos mostraram resistência a todos os extractos. O extrato de etanol mostrou maior inibição contra E. coli (10 mg/ml), *Bacillus subtilis* (20 mg/ml), *Staphylococcus aureus* (20 mg/ml) e *Pseudomonas aeruginosa* (40 mg/ml).

Os antibióticos padrão contra estirpes de referência de bactérias patogénicas humanas, incluindo *Escherichia coli, Klebsiella pneumoniae, Pseudomonas aeruginosa, Salmonella typhi, Salmonella typhimurium, Shigella flexneriand* e *Staphylococcus aureus*, foram comparados com extractos aquosos de *Anethumg raveolens, Elettaria cardamomum, Foeniculum vulgare, Trachyspermum ammi* e *Viola odorata*. Os resultados confirmaram que estes extractos de plantas eram melhores/igualmente eficazes do que os antibióticos padrão (Arora e Kaur, 2007).

A forte atividade antifúngica contra *Botrytis cinerea* foi demonstrada quando Hammami et al., (2011) aplicaram o óleo essencial (25, 12,5 e 6,25 iil/ml.) no tomate. Relataram que a podridão dos frutos podia ser evitada durante o tempo de armazenamento.

Os resultados de Zarrabi et al., (2013) verificaram que os ciclotídeos da *V. odorata* iraniana têm uma atividade antimicrobiana potente contra bactérias gram-negativas, patogénicas para plantas.

Foi realizada a atividade antibacteriana de vários extractos de *Viola odorata* contra agentes patogénicos selecionados do trato respiratório, ou seja, *Haemophilus influenza, Pseudomonas aeruginosa, Staphylococcus aureus, Streptococcus pneumonia* e *Streptococcus pyogenes*. Os resultados mostraram que o extrato de metanol foi mais ativo do que outros extractos na sua atividade antibacteriana e apoia uma boa resposta à utilização de *V. odorata* na medicina herbal e como base para novos medicamentos e fitomedicina no plano para a sua utilização no tratamento de doenças infecciosas respiratórias (Guatam S. S. et al., 2012).

3.4 Atividade antipirética

A aspirina (ácido acetilsalicílico) é o fator antipirético mais utilizado. O efeito antipirético dos extractos solúveis em hexano, clorofórmio e água da violeta doce na pirose induzida por levedura em coelhos é comparado com a aspirina. A atividade antipirética foi mais proeminente nas partes solúveis em hexano destas plantas (Khattak et al., 1985). Estas actividades podem ser causadas pelo ácido salicílico da planta.

3.5 Atividade analgésica

De acordo com a revisão da literatura, pode concluir-se que os flavonóides e os taninos podem ser responsáveis pela atividade analgésica dos fitoquímicos (Das et al., 2014). Antil et al., (2011) demonstraram que apenas os extractos aquoso e metanólico de violeta doce têm uma atividade analgésica possível devido aos fitoquímicos analgésicos. O extrato aquoso (P < 0,01) e metanólico (P < 0,05) de uma dose de 400 mg/kg, p.o., mostrou uma atividade potente em modelos periféricos e centrais de dor (imersão da cauda e método da placa quente).

3.6 Atividade hepatoprotectora

A Viola odorata é tradicionalmente utilizada para proteção do fígado. O extrato metanólico aquoso (250 mg/kg e 500 mg/kg) foi administrado a ratos intoxicados com paracetamol. Os resultados mostraram que o extrato reduziu significativamente os níveis de aumento induzido pelo paracetamol das enzimas hepáticas séricas e da bilirrubina total. Assim, *a V. odorata* deve conter um agente hepatoprotector contra a lesão hepática induzida pelo paracetamol em ratos (Qadir M. I. et al., 2014).

3.7 Actividades anti-hipertensiva e antidislipidémica

O extrato de violeta-doce (Vo.Cr), que apresentou resultados positivos para alcalóides, saponinas, taninos, fenólicos, cumarinas e flavonóides, causou uma diminuição dependente da dose (0,1-1,0 mg/kg) na pressão arterial média em ratos estetizados. A atividade vasodilatadora do extrato de violeta doce é realizada por várias vias, tais como a inibição do influxo de Ca++ através de canais de Ca^{++} membranosos, a sua libertação de reservas intracelulares e vias mediadas por NO, o que pode levar a uma diminuição da pressão arterial.

A planta também mostrou redução no peso corporal e efeito antidislipidémico que pode ser causado pela inibição da síntese e absorção de lípidos e actividades antioxidantes. Assim, *a Viola odorata* pode ser uma boa candidata a ser desenvolvida como medicamento anti-hipertensivo e antidislipidémico, com potencial terapêutico na obesidade e na síndrome metabólica (Siddiqi et al., 2012).

3.8 Atividade Sedativa e Pré-Anestésica

O diazepam tem atividade anticonvulsiva. Os efeitos sedativos e pré-anestésicos do extrato de *Viola odorata* foram comparados com os do diazepam em ratos. Os resultados mostraram que a injeção de diferentes dosagens do extrato provoca um aumento do tempo de sono ($p<0,01$). Além disso, concluíram que o extrato tem melhores efeitos sedativos e pré-anestésicos do que o diazepam. Dosagens de 100 e 200 mg/kg de peso corporal do extrato têm funções mais fracas e idênticas, respetivamente, em comparação com o diazepam (Monadiand Rezaei, 2013).

3.9 Atividade diurética/laxante e toxicidade

A avaliação da influência diurética de diferentes extractos *de V. odorata* mostrou que a produção de urina e os níveis de Na+ e K+ foram maiores no caso do extrato aquoso a uma dose de 400 mg/kg em comparação com os animais de controlo.

Além disso, a atividade laxante de diferentes extractos mostrou que os extractos alcoólicos numa dose de 200 mg/kg e o extrato aquoso numa dose de 400 mg/kg têm efeito como laxante. Mas no caso da motilidade gastrointestinal, os extractos butanólico e aquoso na dose de 200 mg/kg e 400 mg/kg apresentaram bons resultados (Vishal et al., 2009).

O estudo de toxicidade de todos os extractos, realizado em ratos utilizando extractos na dose de 2000 mg /kg de peso corporal por método de dose fixa, mostrou que o extrato é seguro até este nível de dose.

3.10 Tratamento da insónia crónica

A insónia é considerada a perturbação do sono mais comum. O estudo foi realizado para avaliar a eficácia da violeta doce em 50 pacientes com insónia crónica no Irão. O tratamento consistiu numa gota intranasal de violeta doce, duas gotas contendo 66 mg de violeta doce em cada narina, todas as noites antes de dormir, durante um mês. Todos os pacientes tinham 19Os pacientes responderam a um questionário do Índice de Gravidade da Insónia (ISI) antes do início do ensaio e após um mês de tratamento. As melhorias nas pontuações do sono e do ISI foram significativamente maiores nos doentes após um mês a receberem gotas de violeta doce em comparação com antes de iniciarem o tratamento (P <0,05). Alguns doentes relataram algumas complicações relacionadas com o consumo de violeta doce, a maioria das quais foram ligeiras e não se registou nenhum evento adverso grave. Concluiu-se que a violeta doce pode ser apresentada como uma preparação à base de plantas segura, bem tolerada e eficaz em pacientes com insónia crónica (Feyzabadi et al., 2014).

3.11 Produtos naturais

A seleção de plantas utilizadas na prática tradicional para o tratamento de doenças comuns não só sugere um curso de tratamento a seguir para patologias específicas, mas também, e mais importante, fornece uma fonte potencial de ingredientes activos mistos que podem ser úteis para o desenvolvimento de medicamentos.

A Viola odorata é utilizada como planta medicinal, como matéria-prima para a extração de partes farmaceuticamente activas, bem como de precursor para a semi-síntese quimio-farmacêutica. Trata-se de um fator importante para a indústria farmacêutica. Alguns exemplos de produtos naturais à base de *Viola odorata* são apresentados a seguir, entre os quais "*Xarope de Viola Odorata*[III] " considerado como adjuvante no tratamento de cancros, especialmente de doenças malignas gastrointestinais e das suas metástases .

III - http://www.goldaru-co.com/index.php?option=com_k2&view=item&id=255:odorata&Itemid=705&lang=en

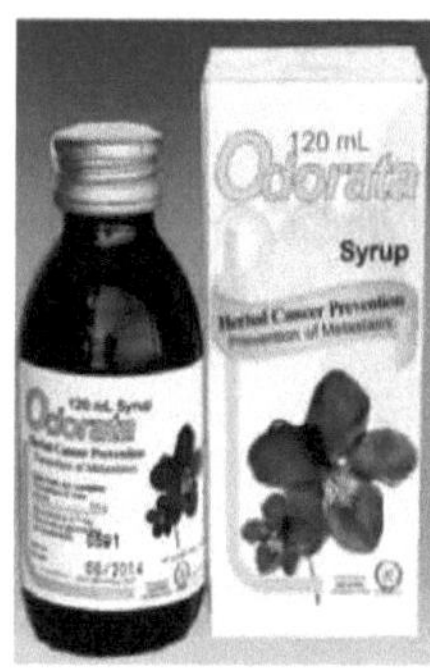

Xarope de Odorata: Extrato de flor.
Goldaru, Irão
Folha de Violeta Absoluta:

Soluções de Cura Óleos Essenciais.
Quinessence Aromatherapy Ltd, Reino Unido

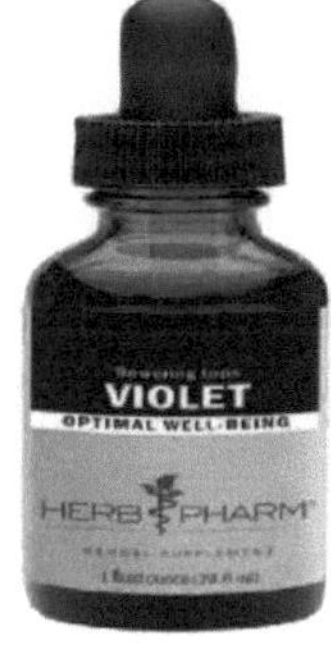

Extrato de Violeta Orgânica: plantas de Viola tricolor com flores frescas, orgânicas certificadas. Herb Pharm, EUA

Solar-X: Extrato vegetal.

de folhas.

Tintura de Violeta: *Viola Odorata*
Extrato líquido em pó

Hawaii Pharm LLC, EUA
Folha de Violeta Azul C/S Biológica: Folha seca.
Herb Pharm, EUA

Capítulo 4

Propagação

4.1 Abordagem C'onvenlional

A Viola odorata é propagada convencionalmente por semente ou divisão. Para o cultivo em grande escala, as sementes são preferidas ao disco rizomatoso. No entanto, a taxa de germinação desta planta medicinal é baixa devido à dormência severa das sementes (Barekat et al., 2013).

A dormência das sementes é uma ocorrência fisiológica relatada em várias plantas medicinais, causada por factores externos ou internos, como o revestimento duro das sementes ou o tecido do endosperma, o embrião imaturo, o embrião rudimentar e os materiais inibidores. Diferentes métodos, como a remoção das estruturas circundantes na semente e a escarificação, a cultura de embriões e as técnicas de cultura de endosperma, são aplicados para quebrar a dormência das sementes (Mittal et al., 2015).

Um tipo de dormência de sementes conhecido como termo-dormência que também se expressa como germinação num intervalo de temperatura mais estreito. As baixas temperaturas e/ou os tratamentos de pré-resfriamento são aplicados como métodos convencionais para quebrar a dormência das sementes na família Violaceae. Em algumas espécies do género *Viola,* a termodormência e a falha de germinação das sementes ocorreram a temperaturas superiores a 30°C. O tratamento que inclui estratificação a frio e reguladores de crescimento, como o ácido giberélico isolado e/ou em combinação com cinetina e etileno, o tratamento com KNO3 também contribui para aumentar a taxa de germinação das sementes em *Viola odorata* (Barekat et al., 2013).

4.2 Técnica in vitro

4.2.1 **<u>Estudo de caso 1</u>: uma nova abordagem para quebrar a dormência e a germinação de sementes em *Viola odorata* (uma planta medicinal).**

Fonte: Barekat et al., 2013.

RESUMO: *A Viola odorata* é uma planta medicinal herbácea perene e resistente, utilizada principalmente como remédio herbal em casos de diabetes e cancro, que tem uma baixa taxa de germinação em condições normais de laboratório devido ao revestimento duro das sementes e à dormência térmica. Uma vez que a criação de condições óptimas para a germinação de sementes é essencial para o desenvolvimento do seu cultivo. Assim, a presente investigação foi levada a cabo para estudar o efeito de diferentes técnicas de quebra de dormência de sementes para otimizar e acelerar a percentagem e a taxa de germinação em condições *in vitro*. Assim, o efeito da escarificação, da estratificação a frio, do isolamento e da cultura do endosperma ou do embrião, da hidropreparação, da lixiviação e da presença de diferentes concentrações de cinetina e de ácido giberélico no meio de cultura MS foi comparado com o controlo sem qualquer manipulação. Os resultados mostraram que a percentagem de germinação mais elevada (74,5%) e a taxa de germinação (57,5) foram observadas na cultura do endosperma, seguida da cultura do embrião e do ácido sulfúrico (96%) durante 60 minutos, respetivamente.

INTRODUÇÃO

A Viola odorata é uma espécie do género viola (MALPIGHIALES: Violaceae) nativa da Europa e da Ásia e inclui mais de 400 espécies conhecidas como violeta doce (Mabberley, 1987). *A violeta-doce* é utilizada para o tratamento de bronquite, distúrbios digestivos comuns, metástases tumorais pós-operatórias, diabetes e cancro. Fitoquimicamente, foram isolados diferentes grupos de compostos de várias espécies deste género, como ciclotídeos, flavonóides, alcalóides e triterpenóides. Alguns deles já foram cientificamente aceites como agentes antifúngicos, antibacterianos, anticancerígenos, antioxidantes, antiasmáticos, anti-inflamatórios, anti-HIV e antipiréticos (Ireland et al., 2006; Ebrahimzadeh et al., 2010; Gustafson, 2004).

A planta é propagada convencionalmente através das divisões do disco rizomatoso, mas para o cultivo em grande escala é preferível o uso de sementes. Contudo, a taxa de germinação desta planta medicinal é baixa devido à dormência severa das sementes (lord, 1983). A dormência da semente é uma ocorrência fisiológica em algumas plantas medicinais causada por factores externos ou internos, tais como o revestimento duro da semente, embrião imaturo, embrião rudimentar e materiais inibidores e precisa de mudanças de temperatura para impedir a germinação da semente, mesmo em condições óptimas (Estaji et al., 2012). É possível libertar a dormência removendo as estruturas circundantes da semente e as técnicas de escarificação, cultura do embrião e cultura do endosperma são aplicadas para quebrar a dormência da semente (Mabundza et al., 2010).

A termodormência é expressa pela germinação numa gama de temperaturas mais estreita (Corbineau et al., 1993). As temperaturas baixas e/ou os tratamentos de pré-resfriamento são considerados como a abordagem comum para quebrar a dormência das sementes na família Violaceae (Geneve, 2008). Foi relatado que, para algumas espécies de amor-perfeito (Viola), a germinação a altas temperaturas (>30°C) pode ser inibida por termodormência. Para superar a termodormência, a estratificação a frio e os reguladores de crescimento, como o ácido giberélico isolado e/ou em combinação com cinetina e etileno, também desempenham um papel importante no aumento da taxa de germinação das sementes de *Viola odorata* (Cantliffe 1991; Carpenter e Boucher, 1991). Elevámos o efeito de diferentes tratamentos químicos e mecânicos na quebra de dormência das sementes de violeta doce.

MATERIAIS E MÉTODOS

Material de sementeira e esterilização

Este estudo foi realizado no Departamento de Cultura de Tecidos de Plantas do Instituto de Investigação em Biotecnologia Agrícola do Irão em 2013. As sementes de *V. Odorata* foram preparadas pelo Instituto de Investigação de Recursos Naturais, estação de Shahid Fozveh, Isfahan, Irão. Para a esterilização da superfície, as sementes foram lavadas com água destilada estéril 5 vezes, imersas em etanol a 70% durante 1 minuto e lavadas com água destilada estéril 3-4 vezes. Em seguida, as sementes foram embebidas em hipoclorito de sódio a 1% (NaOCl) + 1 gota de tween-20 durante 15 minutos e, finalmente, enxaguadas com água destilada esterilizada 4 vezes numa estufa de fluxo laminar.

Pré-tratamentos e cultura de sementes

Para elevar a taxa de germinação e a percentagem, foram efectuados tratamentos de hidropriming com imersão em água da torneira durante 48 horas, imersão em KNO3 (0.5%) durante 30 min, GA3 (500, 1000 e 2000 ppm) e Kin (100 e 200 ppm) durante 3 dias, lavagem contínua com água da torneira (lixiviação) durante 3 dias, escarificação com água quente durante 1 hora, escarificação com ácido sulfúrico (durante 45, 60 e 75 min), estratificação das sementes a 4 °C durante 2 meses, riscagem + estratificação a 4 °C durante 2 meses, Kin (3 e 4 mg/l) + riscagem, GA3 (4 e 6 mg/l) + riscagem, endosperma e embrião (Fig.1 a e b). Cinco sementes pré-tratadas foram cultivadas por frasco contendo 30 ml de meio MS (Murashige e Skoog, 1962). O tratamento sem qualquer manipulação foi considerado como controlo. Todas as culturas foram mantidas a 25° C no fotoperíodo de 16/8h (luz/escuridão) fornecido por um tubo fluorescente branco frio com intensidade de luz de 2700 Lux durante 7-10 dias e deixadas a crescer.

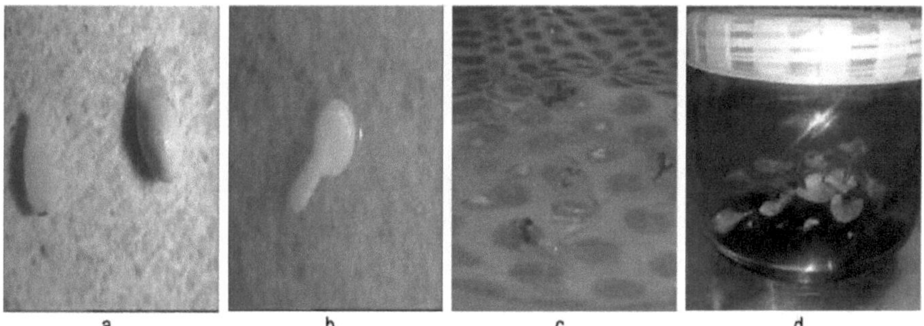

Figura 1. Embrião (a), endosperma e semente (b), endosperma germinado (c) e plântulas de *viola odorata* cultivadas em 14 dias (d)

Recolha de dados e conceção experimental

Para determinar a taxa de germinação, o número de sementes enraizadas foi contado como as sementes germinadas a cada 24 horas. Foram utilizadas as seguintes equações para calcular a taxa de germinação (Rs) e a percentagem de germinação (GP) das sementes (Equações 1, 2) (shah, 2002).

$$Rs= \sum_{i=1}^{n} \frac{Si}{Di} * 100 GP=100* (n/N)$$

Rs: germination rate PG: percentagem de germinação

Si ■ número de sementes germinadas em cada contagem n: número de sementes germinadas Dj. número de dias para (n) contagensN : número total de Sementes

n: contagem de vezes (Equação 2)

(Equação 1)

O experimento foi realizado em um Delineamento Inteiramente Casualizado com 4 repetições (batalha cultural) e 5 sementes por batalha. Os dados foram analisados pelo programa estatístico SAS (Ver.9). Quando a ANOVA indicou efeitos significativos de tratamento (5 ou 1%) com base no teste F, o teste de intervalo múltiplo de Duncan ($P < 0,05$) foi usado como um método para determinar quais tratamentos eram significativamente diferentes dos outros tratamentos.

RESULTADOS E DISCUSSÃO

Os resultados do procedimento ANOVA (Tabela 1) indicaram que os tratamentos aplicados afectaram a percentagem de germinação e a taxa de germinação ($p<0,01$). Tabela 1. Procedimento ANOVA para o efeito de vários tratamentos de quebra de dormência de sementes na porcentagem de germinação (PG) e no índice de velocidade de germinação (IVG).

Fontes de variação	df	GP*	Rs*
Tratamento	20	1937.773"	1073.254"
Erro	63	92.811	67.310

Significativo a P<0. 01 *RS: taxa de germinação, GP: percentagem de germinação

De acordo com a Tabela 2, o tratamento de cultura de endosperma causou as melhores respostas (74,58%) no parâmetro de percentagem de germinação (Fig.1 c e d). De seguida, a cultura de embriões e o ácido sulfúrico durante 60 min (49,9%) não apresentaram diferenças estatisticamente significativas e conduziram a uma melhor percentagem de germinação em comparação com os outros tratamentos. A taxa de germinação foi mais elevada na cultura de endosperma (57,5) seguida de ácido sulfúrico concentrado durante 60 min. A utilização de hidro-preparação com água da torneira, imersão durante 48 horas, imersão em KNO3 (0,5%) durante 30 minutos, imersão em GA3 (500, 1000 e 2000 ppm) e Kin (100 e 200 ppm) durante 3 dias, lavagem contínua com água da torneira (lixiviação) durante 3 dias e escarificação com água quente durante 1 hora, tal como o tratamento de controlo, não resultou na germinação de sementes (Quadro 2).

Tabela 2. Efeitos de vários tratamentos de quebra de dormência de sementes na percentagem de germinação e taxas de germinação de *Viola odorata.*

Tratamentos	GP	Rs
Controlo	0.00'	0.00'
Cultura de embriões	54.31 b	22.75 "*
Cultura de endosperma	74.58 a	57.50 a
Estratificação a frio	28.33"*	24.75
GA_3 - 4 mg/l	15.62 ,de	13.75
GA_3 - 6 mg/l	29.99"*	24.50 "*
Kin - 3 mg/l	21,66c0 ®	16.75
Kin - 4 mg/l	18.33 *	18.00
Ácido sulfúrico concentrado 45 min	5.00,e	6.75 fe
Ácido sulfúrico concentrado 60 min	49.99 b	42.50 ab
Ácido sulfúrico concentrado 75 min	3910te	32.50
Escarificação e estratificação a frio	10.00 ,e	11.75 'tfa
Hidro-impregnação	0.00'	0.00*
KNO_3 -0,5%	0.00'	0.00'
GA_3 imersão -500 ppm	0.00'	0.00'
GA_3 imersão -1000 ppm	0.00'	0.00'
GA_3 imersão -2000 ppm	0.00'	0.00'
Imersão em Kin -100 ppm	0.00'	0.00'
Imersão em Kin -200 ppm	0.00'	0.00'
Lixiviação durante 1 hora	0.00'	0.00'
Escarificação com água quente	0.00'	0.00'

Valores seguidos pela(s) mesma(s) letra(s) dentro de uma coluna não são significativamente diferentesp<0,05 (teste LSD)

Como se pode ver na Tabela 2, as sementes não escarificadas não apresentaram boa germinação, o que indica que as sementes *de V. odorata* têm um revestimento duro e impermeável típico (dormência física). Geralmente, o estado de germinação das sementes depende do potencial de crescimento do embrião e de inibidores químicos ou físicos (Koorneef et al., 2002).

Este potencial depende da estrutura da semente, especialmente da resistência mecânica presente nas estruturas que cobrem o embrião e dos factores que afectam o crescimento do embrião, como os reguladores de crescimento das plantas e os factores ambientais. Estudos anteriores sugeriram que as sementes de Violaceae (violeta) têm um revestimento de sementes com uma camada interna amucilaginosa que contém inibidores. Portanto, foi levantada a hipótese de que tais inibidores presentes no revestimento da semente e no endosperma interferiam na germinação da semente (Benech et al., Foley, (2004) e Lopez, (2005) relataram que as sementes não escarificadas de espécies estreitamente relacionadas *Euphorbia esula* e Euphorbia heterophylla não exibiram qualquer imbibição ou germinação como resultado dos seus revestimentos de sementes duros e a germinação das mesmas foi melhorada pela remoção manual do revestimento da semente do endosperma que rodeia o eixo embrionário e pela escarificação por pré-tratamentos com ácido sulfúrico, respetivamente. Portanto, a remoção do revestimento da semente e do endosperma por vários métodos de escarificação ou usando as técnicas de cultura de endosperma e embrião possivelmente pode eliminar esses inibidores e, subsequentemente, pode aumentar o potencial de germinação da semente em *V. odorata,* o que está de acordo com os resultados obtidos neste estudo (tàbela 2). Além da dormência física, também foi relatado que, em algumas espécies de viola, a germinação a altas temperaturas (> 30°C) pode induzir dormência térmica (Cantliffe, 1991; Carpenter e Boucher, 1991).

Como a estratificação a frio e a adição de reguladores de crescimento vegetal ao meio de cultura foram capazes de promover o GP e o Rs, parece possível que estes resultados se devam à presença de dormência térmica nesta planta. Esta conclusão está de acordo com as conclusões de Cantliffe (1991) e Carpenter (1991), que afirmaram que a dormência térmica pode ser aliviada utilizando a estratificação a frio e combinações exógenas de reguladores de crescimento de plantas. Em conclusão, os resultados de vários tratamentos no nosso estudo confirmaram que as sementes de *V. odorata* apresentam dormência devido ao seu revestimento duro. Vários métodos de escarificação de sementes quebram a impermeabilidade do revestimento de sementes *de V. odorata*, o que resulta num aumento considerável da percentagem e taxas de germinação. Além disso, a estratificação a frio e os reguladores de crescimento vegetal exógenos aumentaram relativamente a germinação das sementes. Esta constatação reforça ainda mais a possibilidade da existência de dormência térmica nas sementes desta planta. No que diz respeito às sementes de *V. odorata*, que são dormentes devido ao seu revestimento duro, são propagadas convencionalmente pelos rizomas, no entanto, para a produção em grande escala, para facilitar a propagação de plântulas e acelerar a rotação de gerações em programas de melhoramento, é desejável o desenvolvimento de um método rápido de germinação de sementes. Por conseguinte, é possível aumentar uma percentagem significativa de germinação e poupar o tempo necessário para a produção de plaquetas de *V. Odorata* utilizando técnicas de cultura de endosperma ou de embriões descritas no presente estudo.

4.2.2 <u>Estudo de caso 2</u>. Regeneração de plantas através da indução de calos na erva medicinal *Viola odorata* - Papel dos reguladores de crescimento de plantas e explantes.

Fonte: Arash Mokhtari et al., 2015.

RESUMO

A Viola odorata é uma planta medicinal herbácea perene e resistente, utilizada principalmente como cura herbácea para a diabetes e o cancro, que tem uma baixa taxa de germinação em condições laboratoriais normais devido ao revestimento duro das sementes e à dormência térmica. Para examinar os efeitos de alguns reguladores de crescimento de plantas na indução de calos e na regeneração de plantas de *V. odorata,* vários explantes, como folhas, pecíolos e pedaços de raízes, foram transferidos para placas de Petri contendo meio MS suplementado com diferentes concentrações e combinações de reguladores de crescimento de plantas NAA, 2,4-D e KIN. A maior frequência de indução de calos (80%) ocorreu em meio MS contendo NAA (2 mg l^{-4}) + 2, 4-D (2,5 mg l^{-1}) em explantes foliares. O melhor tratamento para o enraizamento foi o meio contendo NAA (3 mg l^{-1}) + 2, 4-D (2,5 mg l^{-1}). Após a transferência dos calos para meios de regeneração, os resultados mostraram que a melhor resposta à regeneração ocorreu em meios MS contendo GA3 (0,5 mg l^{-1}) + TDZ (2 mg l^{-1}) e também GA3 (1 mg l^{-1}) + TDZ (2 mg l^{-1}). O número médio máximo de rebentos e o maior comprimento de rebentos foram obtidos em meios MS suplementados com GA3 (0,5 mg. l^{-1}) + TDZ (2 mg. l^{-1}).

INTRODUÇÃO

A nível mundial, existe uma preocupação crescente com a exploração excessiva e a redução dos recursos naturais da Terra, especialmente da biodiversidade vegetal. Assim, a necessidade de conservação é elevada e de grande importância para preservar o património da diversidade vegetal, especialmente as plantas medicinais raras e endémicas para a posteridade (Cragg, 2001). *A Viola odorata*, conhecida como violeta-doce, é considerada uma planta perene rara e endémica da Europa e da Ásia e pertence ao género viola *(MALPIGHIALES:* Violaceae), que inclui mais de 400 espécies (Mabberley, 1987). A violeta doce é uma das plantas medicinais mais importantes utilizadas na terapia folclórica para curar várias doenças como bronquite, distúrbios digestivos comuns, metástases de tumores pós-operatórios, diabetes e cancro. Fitoquimicamente, foram isolados diferentes grupos de compostos de várias espécies deste género, como ciclótidos, flavonóides, alcalóides e triterpenóides (Darwin, 2010). Alguns deles já foram cientificamente aceites como agentes antifúngicos, antibacterianos, anticancerígenos, antioxidantes, antiasmáticos, anti-inflamatórios, anti-HIV e antipiréticos (Ireland et al., 2006; Ebrahimzadeh et al., 2010; Gustafson, 2004).

Recentemente, um novo medicamento à base de plantas "ODORATA", formulado em xarope, foi sintetizado com base nos constituintes activos de *V. odorata.* Este facto aumentou a importância do desenvolvimento de métodos de cultura de tecidos para facilitar a produção em grande escala de plantas verdadeiras e para melhorar as espécies utilizando técnicas de engenharia genética. Foi demonstrado que a cultura de calos pode ser usada como um método eficaz para a multiplicação de plantas medicinais (Castillo e Jordan, 1997). A taxa de germinação desta planta medicinal é baixa devido à dormência severa das sementes (lord, 1983). O interesse industrial necessita do desenvolvimento de um método *in vitro* de violeta doce para acelerar a taxa de propagação. Existe pouca informação sobre a regeneração de plantas desta espécie (Tobyn, 2011), mas foi registada a indução de calos a partir de explantes de pecíolo e a regeneração de múltiplos rebentos em *Viola serpens* (Vishwakarma et al., 2013). Assim, o presente trabalho foi realizado para avaliar os efeitos dos reguladores de crescimento vegetal (PGRs) na indução de calos a partir de folhas, pecíolos e raízes e na propagação *in vitro* de *V. odorata.*

MATERIAIS E MÉTODOS

Material vegetal

Este estudo foi realizado no Departamento de Cultura de Tecidos de Plantas do Instituto de Investigação em Biotecnologia Agrícola do Irão em 2013. As sementes foram recolhidas da Coleção de Plantas Medicinais do Centro de Investigação Agrícola, Isfahan, Irão. As sementes foram esterilizadas à superfície, pré-tratadas e semeadas em meio A MS de acordo com o nosso relatório anterior Barekat et al., (2013).

Estabelecimento e estado dos calos

Três tipos de explantes, incluindo raiz (1 cm), pecíolo (1 cm) e folha (0,5 x 0,5 cm^2) foram retirados de plântulas *in vitro* de sementes germinadas. Foram ligeiramente feridos e quatro deles colocados horizontalmente em placas de Petri contendo meio MS solidificado fortificado com várias concentrações de 2,4-D (0, 0,5, 1, 1,5 e 2 mg l^{-1}) sozinho ou em combinação com NAA (0, 0,5, 1, 1,5 e 2 mg.l^{-1}) e KIN (0, 0,5 e 1 mg.l^{-1}). Cada placa de Petri foi duplicada 4 vezes e incubada a 25 ± 1°C na escuridão total durante 3 semanas e depois transferida para um fotoperíodo de 16/8 horas (luz: escuridão) a ~3000 lux e 25 ± 1°C. Após mais 3 semanas, foi registada a frequência de indução de calos (%) = número de explantes que produziram calos/número de explantes plaqueados x 100 e a frequência de indução de rebentos ou raízes (%). Todas as experiências foram realizadas de acordo com uma experiência fatorial baseada num desenho completamente aleatório com repetições iguais.

Multiplicação, enraizamento e alongamento de rebentos

Para a multiplicação de rebentos e posterior indução de raízes, foram isolados 4 calos formados nos explantes utilizados e transferidos para frascos de cultura contendo meio de regeneração MS sólido suplementado com diferentes níveis de TDZ (0, 1, 2, 3 e 4 mg.l^{-1}) combinados com GA3 (0, 0.5, 1, 1.5 e 2 mg.l^{-1}) e IBA (1 mg.l^{-1}) durante 4 semanas com 16 horas de fotoperíodo a ~3000 lux e 25° ± 10°C. A frequência de regeneração (%) = número de plantas regeneradas/número de calos plaqueados x 100, e o número médio e o comprimento da frequência de micro rebentos (%) foram medidos. Cada garrafa de cultura (tratamento) foi repetida 4 vezes. 2, 4-D (2,5 mg.l^{-1}) + NAA (2 mg.l^{-1}) em explantes foliares; maior crescimento e desenvolvimento de calos verdes após 3 semanas de transferência para o fotoperíodo (claro: escuro) 16/8 horas.

Endurecimento

Após dois meses de incubação no meio de regeneração, as plantas bem enraizadas foram transferidas para vasos de plástico cheios de turfa + perlite (2:1). Finalmente, as plântulas endurecidas foram transferidas para um balde de plástico contendo solo de jardim fertilizado e cultivadas em estufa a 22±2°C e 50-60% de humidade relativa e irrigadas regularmente.

Análise de dados

Os dados foram analisados usando o SAS versão 9.1. Quando a ANOVA indicou efeitos significativos dos tratamentos (5 ou 1%) com base no teste F, o teste da diferença mínima significativa ($P<0,5$) foi utilizado para descobrir quais tratamentos eram significativamente diferentes dos outros tratamentos.

RESULTADOS E DISCUSSÃO

Indução de calos, regeneração e enraizamento

A formação de calos não ocorreu em todos os tratamentos e aqueles que produziram algum resultado não foram mostrados na Tabela 1. A frequência de indução de calos em resposta a diferentes combinações de reguladores de crescimento de plantas e tipos de explantes está resumida na Tabela 1. Os resultados mostraram que a frequência de indução de calos variou significativamente ($p<0,05$), dependendo dos reguladores de crescimento das plantas e dos tipos de explantes. A maior frequência de indução de calos (80%) foi observada no meio MS contendo 2,4-D (2,5 mg l^{-1}) + NAA (2 mg l^{-1}) em explantes foliares (Figura 1, a-d).Também no meio contendo 2,4-D (2,5 mg.l^{-1}) + NAA (1mg.l^{-1}), 2,4-D (2,5mg.l^{-1}) + NAA (1,5 mg.l^{-1}) e 2,4-D (2,5mg.l^{-1}) + NAA (3mg.l^{-1}) a frequência de indução de calos foi elevada, mas a diferença entre estes tratamentos não foi significativa. NAA e 2, 4-D são comumente usados para indução de calos em vários sistemas (Vido DAVIDOVIC et al., 2015).Como mencionado acima, 2, 4-D em combinação com NAA causou a indução máxima de calos em explantes. Esses achados estão de acordo com os resultados obtidos por Wang e Bao (2007). Da mesma forma, em *Astragaluspolemoniacus,* explantes de folhas e pecíolos produziram calos em meios contendo NAA e BA (Mirici, 2004). Naeem et al., (2013) também relataram que 2,5 mg.l^{-1} BA e 0,15 mg.l^{-1} 2, 4-D poderiam induzir alta frequência de calos de explantes de folhas, caule e pecíolos *de Viola odorata*. Anzidei et al., (2000) obtiveram calos através da cultura *in vitro* de segmentos de folhas de *Foeniculum vulgare* utilizando 2, 4-D. Os calos induzidos em condições de escuridão eram amarelos e friáveis, mas os induzidos em condições de luz eram verdes e friáveis (Figura 1, a e c). Verificou-se que a condição de luz, que promove uma maior taxa de síntese de clorofilas, poderia ser a possível razão (Zhong, 1991). Alguns dos calos induzidos foram razoavelmente enraizados em meios de indução de calos. A percentagem mais elevada (55%) de enraizamento foi observada em meios MS suplementados com 2, 4-D (2,5mg.l^{-1}) + NAA (3mg.l^{-1}). Anteriormente, Jafarkhani Kermani et al. (2010) conseguiram enraizar folhas de *Rosa persica* em cultura *in vitro* utilizando NAA em combinação com IBA. O efeito promotor das combinações de auxinas e citocininas na diferenciação organogénica foi bem documentado em vários sistemas (Dimech, 2007). Do mesmo modo, os efeitos do 2,4-D combinado com NAA ou KIN para o desenvolvimento bem sucedido de rebentos a partir de calos foram observados no nosso estudo. A melhor resposta para a regeneração de rebentos (67%; Figura 2, a-d) foi observada em meios baseados em MS de calos contendo (1 mg.l^{-1}) KIN + (2,5 mg.l^{-1}) 2, 4-D seguido de KIN (1 mg.l^{-1}) + 2, 4-D (2,5 mg.l^{-1}) +NAA (1 mg.l^{-1}). Esses resultados estão de acordo com alguns estudos anteriores que mostram que o uso da combinação de 2, 4-D e NAA causou a maior taxa de indução de calos e regeneração (Nikam, 1999).

Quadro l. Efeitos de interação de diferentes explantes e PGRs na % de indução de calos, regeneração e enraizamento de *V. odorata*

Reguladores de crescimento das plantas (mg.l)$^{-1}$	% Indução de calos		% Regeneração		% Rootlng	
	Pecíolo	*Folha*	*Pecíolo*	*Folha*	*Pecíolo*	*Folha*
2,4-D(0) + NAA (1)	5.00 ^{h}	10.00 $_{g}^{-1}$	5.00 "	10.00 $^{Jh-}$	0.00 ^{f}	*Folha*
2,4-D(0) + NAA (1.5)	5.00 ^{h}	10.00 $_{g}^{-1}$	5.00 "	10.00 $^{Jh-}$	5.00 ^{ef}	5.00 ^{ef}
2,4-D(0) + NAA (2)	5.00 ^{h}	10.00 $^{g-1}$	5.00 ^{IJ}	5.00 ^{IJ}	0.00 ^{f}	5.00 ^{ef}
2,4-D(0) + NAA (2.5)	5.00^{hi}	5.00 ^{h}	0.00 $_{J}$	5.00 $_{J}^{1}$	0.00 ^{f}	5.00 ^{ef}
2,4-D(0) + NAA (3)	5.00 ^{h}	5.00 "	0.00 ^{J}	5.00 ^{J1}	0.00 ^{f}	5.00 ^{ef}
2,4-D(0,5) + NAA (0)	10.00 $_{g}^{-1}$	15.00 $^{f-1}$	10.00 $^{Jh-}$	10.00 $^{Jh-}$	0.00 ^{f}	0.00 ^{f}
2,4-D(0,5) + NAA (0,5)	10.00 $^{g-1}$	20.00 $^{e-h}$	10.00 $^{h-J}$	15.00 $^{g-J}$	5.00 ^{ef}	0.00 ^{f}
2,4-D(0,5) + NAA (1,5)	25.00 $^{d-g}$	40.00 ^{cd}	15.00 $^{g-J}$	30.00 $^{d-g}$	10.00 ^{de}	5.00 ^{ef}
2,4-D(0,5) + NAA (2)	5.00 ^{h}	10.00 $^{g-1}$	5.00 ^{ij}	5.00 "	0.00 ^{f}	10.00 ^{de}
2,4-D(0,5) + NAA (2,5)	15.00 $^{f-1}$	20.00 $^{e-h}$	10.00 $^{h-J}$	15.00^{g-J}	5.00 ^{ef}	5.00 ^{ef}
2,4-D(0,5) + NAA (3)	10.00 $_{g}^{-1}$	15.00 $^{f-1}$	10.00 ^{Jh}	10.00 $^{Jh-}$	5.00 ^{ef}	5.000 ^{ef}
2,4-D(1) + NAA (0)	5.00 ^{h}	5.00 "	5.00 ^{IJ}	5.000 ^{IJ}	0.00 ^{f}	5.00 ^{ef}
2,4-D(1) + NAA (0,5)	5.00 ^{h}	10.0 $^{g-1}$	5.00 ^{IJ}	10.00 $^{h-J}$	0.00 ^{f}	0.00 ^{f}
2,4-D(1) + NAA (2)	35.00 $^{c-e}$	45.00 ^{bc}	5.00 ^{ij}	15.00 $^{g-J}$	10.00 ^{ed}	0.00 ^{f}
2,4-D(1) + NAA (2)	5.00"	35.00 $^{c-e}$	5.00^{IJ}	20.00 $^{f-1}$	0.00 ^{f}	15.00 ^{cd}
2,4-D(1.5) + NAA (0)	5.000"	5.00^{hi}	5.00 ^{ij}	5.000 "	5.00 ^{ef}	10.00 ^{ed}
2,4-D(1.5) + NAA (1)	20.00 $^{e-h}$	10.00 $^{g-1}$	10.00 $^{h-J}$	5.000 ^{IJ}	5.00 ^{ef}	0.00 ^{f}
2,4-D(1.5) + NAA (1.5)	40.00 ^{cd}	30.00 $^{c-f}$	10.00 ^{Jh}	15.00 $^{g-J}$	15.00 ^{cd}	0.00 ^{f}
2,4-D(1.5) + NAA (3)	5.00 ^{h}	60.00 ^{b}	5.00 ^{ij}	20.00 $^{f-1}$	0.00 ^{f}	10.00 ^{de}
2,4-D(2) + NAA (1.5)	5.00 ^{h}	10.00 $^{g-1}$	0.00 ^{J}	10.00 $^{h-J}$	0.00 ^{f}	5.00 ^{ef}
2,4-D(2) + NAA (2)	10.00 $_{g}^{-1}$	5.00 ^{h}	5.00 ^{ij}	5.00 "	5.00 ^{ef}	5.00 ^{ef}
2,4-D(2) + NAA (2.5)	5.00 ^{h}	10.00 $^{g-1}$	5.00 ^{IJ}	10.00 $^{h-J}$	0.00 ^{f}	5.00 ^{ef}
2,4-D(2) + NAA (3)	10.00 $_{g}^{-1}$	5.00 ^{h}	10.00 $^{Jh-}$	5.00 "	0.00 ^{f}	5.00 ^{ef}
2,4-D(2,5) + NAA (0)	10.0 $_{g}^{-1}$	15.00 $^{f-1}$	10.00 $^{Jh-}$	15.00 $^{g-J}$	0.00 ^{f}	5.00 ^{ef}
2,4-D(2,5) + NAA (0,5)	40.00 ^{cd}	15.00 $^{f-1}$	15.00 $^{g-J}$	15.00 $^{g-J}$	10.00 ^{de}	0.00 ^{f}
2,4-D(2,5) + NAA (1)	5.00 ^{hl}	60.00 ^{b}	5.00 ^{ij}	5.00 "	5.00 ^{ef}	5.00 ^{ef}
2,4-D(2,5) + NAA (1,5)	60.00 ^{b}	10.00 $^{g-1}$	5.00 ^{IJ}	10.00 $^{h-J}$	40.00 ^{b}	40.00 ^{b}
2,4-D(2.5) + NAA (2)	30.00 $^{c-f}$	80.00 ^{a}	20.00 $^{f-1}$	10.00 $^{Jh-}$	25.00 ^{bc}	25.00 ^{bc}
2,4-D(2.5) + NAA (2.5)	45.00 ^{cb}	40.00 ^{cd}	0.00 ^{J}	20.00 $^{f-1}$	40.00 ^{b}	25.00 ^{bc}
2,4-D(2,5) + NAA (3)	5.00 ^{hl}	60.00 ^{b}	0.00 ^{J}	20.00 $^{f-1}$	0.00 ^{f}	55.00 ^{a}
2,4-D(3) + NAA (0)	5.00 ^{hl}	5.00 ^{h}	0.00 ^{J}	5.00 "	0.00 ^{f}	5.00 ^{ef}
2,4-D(3) + NAA (0,5)	10.00 $^{g-1}$	5.00 "	10.00 $^{h-J}$	5.00 ^{IJ}	0.00 ^{f}	0.00 ^{f}
2,4-D(3) + NAA (1)	5.00 ^{hl}	20.00 $^{e-h}$	5.000^{IJ}	15.00 $^{g-J}$	0.00 ^{f}	0.00 ^{f}
2,4-D(3) + NAA (1.5)	25.00 $^{d-g}$	10.00 $^{g-1}$	20.00 $^{f-1}$	10.00 $^{h-J}$	0.00 ^{f}	0.00 ^{f}
2,4-D(3) + NAA (2)	10.00 $^{g-1}$	30.00 $^{c-f}$	10.00 $^{h-J}$	15.00 $^{g-J}$	0.00 ^{f}	0.00 ^{f}
2,4-D(3) + NAA (2.5)	15.00 $^{f-1}$	10.00 $^{g-1}$	10.00 $^{Jh-}$	20.00 $^{f-1}$	0.00 ^{f}	0.00 ^{f}
2,4-D(3) + NAA (3)	30.00 $^{c-f}$	20.0 $^{e-h}$	20.00 $^{f-1}$	15.00 $^{g-J}$	0.00 ^{f}	0.00 ^{f}
2,4-D(2,5) + NAA (0) + KIN (0,5)	10.00 $_{g}^{-1}$	45.00 ^{bc}	20.00 $^{f-1}$	40.00 $^{c-e}$	0.00 ^{f}	0.00 ^{f}
2,4-D(2,5) + NAA (0,5) + KIN (0,5)	20.00 $^{e-h}$	30.00 $^{c-f}$	20.00 $^{f-1}$	45.0 $^{b-d}$	5.00 ^{ef}	0.00 ^{f}
2,4-D(2,5) + NAA (1) + KIN (0,5)	30.00 $^{c-f}$	20.00 $^{e-h}$	40.00 $^{c-e}$	35.00 $^{c-f}$	10.00 ^{de}	0.00 ^{f}
2,4-D(2,5) + NAA (2) + KIN (0,5)	30.00 $^{c-f}$	45.00 ^{cb}	25.00 $^{e-h}$	45.00 ^{cd}	5.000 ^{ef}	5.00 ^{ef}
2,4-D(2,5) + NAA (2,5) +KIN (0,5)	10.00 $^{g-1}$	45.00 ^{cb}	10.00 $^{h-J}$	35.00 $^{c-f}$	0.00 ^{f}	25.00 ^{bc}
2,4-D(2.5) + NAA (0) + KIN (1)	20.00 $^{e-h}$	45.00 ^{cb}	50.00 ^{bc}	67.00 ^{a}	0.00 ^{f}	15.00 ^{cd}
2,4-D(2,5) + NAA (0,5) + KIN (1)	15.00 $^{f-1}$	30.00 $^{c-f}$	25.00 $^{e-h}$	40.00 $^{c-e}$	5.00 ^{ef}	0.00 ^{f}
2,4-D(2.5) + NAA (1) + KIN (1)	20.00^{e-h}	20.00 $^{e-h}$	40.00 $^{c-e}$	50.00 ^{b}	10.00 ^{de}	0.00 ^{f}
2,4-D(2.5) + NAA (2) + KIN (1)	10.00 $_{g}^{-1}$	30.00^{c-f}	30.00 $^{d-g}$	40.00 $^{c-e}$	5.00 ^{ef}	10.00 ^{de}
2,4-D(2.5) + NAA (3) + KIN (1)	30.00 $^{c-f}$	20.00 $^{c-f}$	30.00 $^{d-g}$	30.00 $^{d-g}$	0.00 ^{f}	10.00 ^{de}
2,4-D(2)	10.00 $_{g}^{-1}$	10.00 $^{g-1}$	0.00 ^{J}	0.00 ^{J}	0.00 ^{f}	5.00 ^{ef}
2,4-D(3)	5.00 ^{hl}	10.00 $^{g-1}$	0.00 ^{J}	0.00 ^{J}	0.00 ^{f}	0.00 ^{f}
2,4-D(4)	5.00 ^{hl}	10.00 $_{g}^{-1}$	0.00 $_{J}$	0.00 $_{J}$	0.00 ^{f}	0.00 ^{f}

As médias seguidas de letras diferentes são significativamente diferentes a p = 0,05 de acordo com o teste LSD.

Os efeitos dos tipos de explantes nas percentagens de indução de calos, regeneração e enraizamento

A investigação do efeito dos explantes na indução de calos, regeneração e enraizamento de plântulas mostrou que a aplicação de explantes foliares foi melhor do que os outros tipos de explantes e que, com a utilização de segmentos foliares como explantes, a percentagem de indução de calos, regeneração e enraizamento de plântulas foi de 16,34, 13,95 e 4,05, respetivamente (Figura 3). Esses resultados concordam com os relatórios disponíveis para *Suffruitcosum indiuom* (Arunkumar et al., 2011). O efeito favorável do uso de explantes foliares para a indução de calos também já foi relatado por Stephan e Jayabalan (2000). Da mesma forma, o potencial de indução de calos foi maior nas folhas em comparação com o caule e pecíolos de *V. odorata*, em que o calo foi encontrado em todo o disco foliar, enquanto no caule e pecíolo, o calo foi localizado nas pontas e partes terminais (Wijowska, 1999).

Regeneração, multiplicação e alongamento de rebentos

Após a indução bem sucedida de calos, os calos derivados de todos os explantes foram subcultivados em meios de regeneração. Como mostra a Figura 4 (a-b), a frequência de regeneração variou entre os diferentes tratamentos e a melhor resposta para a regeneração foi observada em meios MS contendo GA3 (0,5 mg.l^{-1}) + TDZ (2 mg.l^{-1}) e GA3 (1mg.l^{-1}) + TDZ (2mg.l^{-1}). O efeito de vários reguladores de crescimento de plantas no número médio e no comprimento de micro rebentos derivados de calos também foi pesquisado. De acordo com a Tabela 2, o número e o comprimento dos rebentos variaram significativamente dependendo da combinação de TDZ e GA3 ($p<0,05$). O número médio máximo de rebentos (6,58, Figura 4 b) foi observado em meios MS suplementados com TDZ (2 mg.l^{-1}) combinado com GA3 (0,5 ou 1mg.l^{-1}). O TDZ é um composto sintético do tipo citocinina fenil ureia que provou ser um regulador altamente eficaz da morfogénese de rebentos. Também é eficaz na regeneração de rebentos em muitas espécies recalcitrantes (Huttenman, 1993). Dabauza et al., (2001) combinaram GA3 com BA, IAA e thidiazuron (TDZ), respetivamente. Quando TDZ foi combinado com GA3, os explantes diferenciaram-se com maior frequência. As giberelinas são uma hormona vegetal natural que afecta o aumento e a divisão celular, o que leva ao alongamento dos entrenós nos caules (Jatoi, 1999). O GA3 pode estimular o alongamento dos rebentos ao inibir a ação das auxinas nas regiões meristemáticas (Gaspar, 1996). O maior comprimento de rebentos (7,66) foi obtido no meio MS com GA3 (0,5 mg.l^{-1}) + TDZ (2 mg.l^{-1}). Este resultado está de acordo com os relatórios disponíveis para *Viola odorata* (Naeem et al., 2013) e *Viola wttirockinii* (Wang at al., 2006), em que a germinação ocorreu em meios MS contendo TDZ e AgNO3 com reguladores de crescimento vegetal GA3 e NAA .

O meio MS contendo 1mg .l^{-1} GA3 produziu o máximo de alongamento de brotos em explantes de epicótilos de *Withania somnifera* (Udayakumar et al., 2013).

Endurecimento

Para a aclimatação das plântulas, as plântulas regeneradas com raízes suficientes foram transferidas para a estufa. Os resultados mostraram que as plântulas se adaptaram de forma excelente às condições da estufa (Figura 4, c e d). No presente estudo, foi determinado o efeito de vários reguladores de crescimento de plantas e três tipos de explantes na indução de calos, regeneração e enraizamento de plântulas e foi estabelecido um protocolo eficiente para a cultura de tecidos de *Viola odorata*. Os resultados mostraram que a combinação de 2, 4-D e NAA foi eficaz na indução de calos e pode obter calos suficientes para a micropropagação desta importante planta medicinal. Os explantes também foram importantes para a indução de calos, a regeneração e o enraizamento de plântulas, tendo sido obtidos melhores resultados quando se utilizaram pedaços de folhas como explantes. Os nossos resultados também mostraram que a multiplicação de rebentos e o comprimento dos ramos foram afectados pelo GA3 e TDZ.

COCLUSÃO

A Viola odorata é uma planta medicinal herbácea perene de floração resistente, utilizada principalmente como cura à base de plantas para a diabetes e o cancro. Devido ao seu revestimento duro de sementes e dormência térmica, a sua utilização extensiva na formulação de ervas sem cultivo comercial tornou-se rara. Na sequência do nosso relatório anterior sobre a germinação de sementes, o presente estudo introduziu o protocolo útil para a indução de calos e a regeneração de rebentos para fins de conservação e fornecimento das matérias-primas vegetais necessárias para o desenvolvimento da indústria farmacológica no futuro.

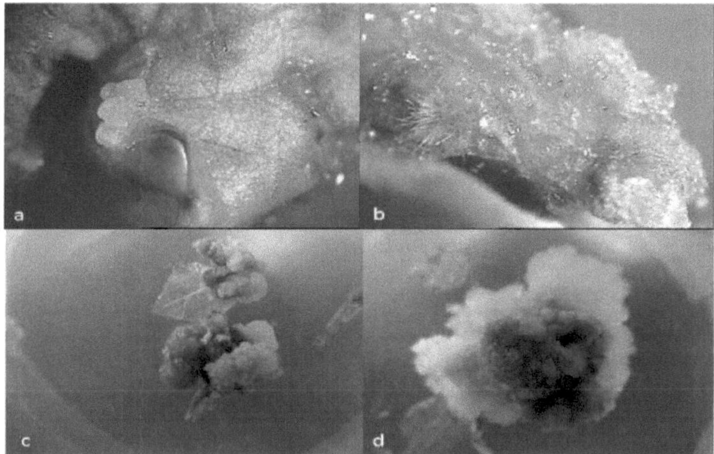

Figura 1. Iniciação de tecidos de calo (amarelo-friável) incubados no escuro (a e b) após 21-30 dias em meio MS contendo2,4-D (2,5 $mg.l^{-1}$) + NAA (2 $mg.l^{-1}$); crescimento e desenvolvimento de calo (verde-friável) após mais 3 semanas em explantes foliares (c e d).

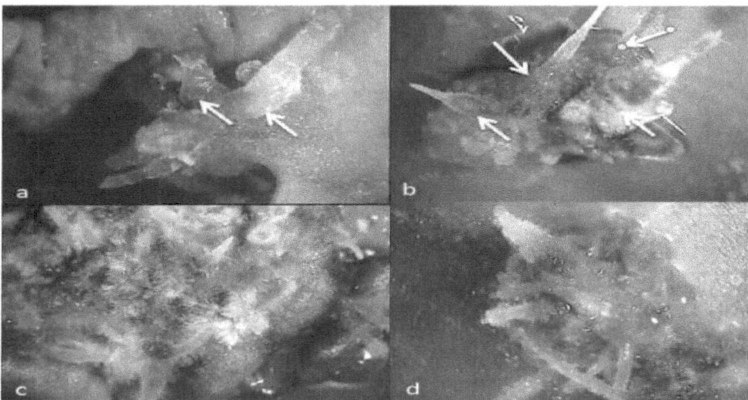

Figura 2. Iniciação de brotos em calos de 6 semanas de idade derivados de explantes foliares (a-d) no mesmo meio de calo contendo NAA (2 $mg.l^{-1}$) + 2,4-D (2,5 $mg.l^{-1}$).

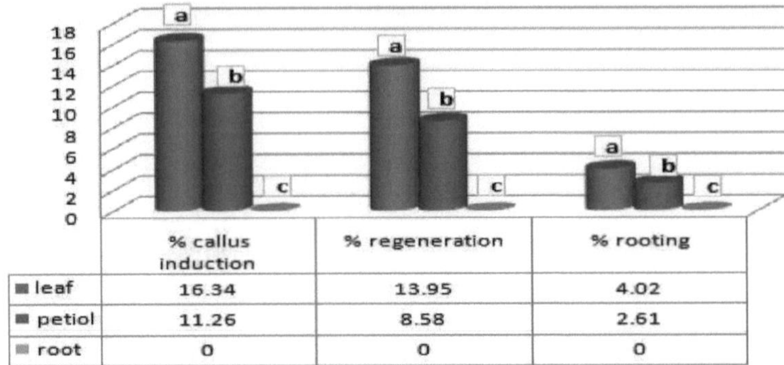

	% callus induction	% regeneration	% rooting
leaf	16.34	13.95	4.02
petiol	11.26	8.58	2.61
root	0	0	0

Figura 3. Efeitos dos tipos de explantes nas percentagens de indução de calos, regeneração e enraizamento de *V. odorata.*

Figura 4: Subcultura de calos enraizados em GA3 (0,5 mg.l^{-1}) + TDZ (2 mg.l^{-1}) para regeneração e posterior multiplicação de rebentos (a e b); plântulas endurecidas em condições de estufa (c e d).

Tabela 2. Efeitos de TDZ e GA3 na percentagem de regeneração, número médio e comprimento dos micros rebentos derivados de *V.*

Reguladores de crescimento das plantas (mg.l)-1	% Regeneração	Número de disparos	Compriment o do rebento
GA3 (0) + TDZ (0), Controlo	0.00[e]	0.00[d]	0.00[f]
GA3 (0,5) + TDZ (0)	0.00[e]	0.00[d]	0.00[f]
GA3 (1) + TDZ (0)	0.00[e]	0.00[d]	0.00[f]
GA3 (1,5) + TDZ (0)	0.00[e]	0.00[d]	0.00[f]
GA3 (2) + TDZ (0)	0.00[e]	0.00[d]	0.00[f]
GA3 (0) + TDZ (1)	0.00[e]	0.00[d]	0.00[f]
GA3 (0,5) + TDZ (1)	0.00[e]	0.00[d]	0.00[f]
GA3 (1) + TDZ (1)	0.00[e]	0.00[d]	0.00[f]
GA3 (1,5) + TDZ (1)	0.00[e]	0.00[d]	0.00[f]
GA3 (2) + TDZ (1)	0.00[e]	0.00[d]	0.00[f]
GA3 (0) + TDZ (2)	30.00[d]	2.15[d]	3.35[e]
GA3 (0,5) + TDZ (2)	78.33[a]	6.58[a]	7.66 [a]
GA3 (1) + TDZ (2)	76.66[a]	6.58[a]	6.91 [b]
GA3 (1,5) + TDZ (2)	63.33[b]	5.16[b]	5.50 [d]
GA3 (2) + TDZ (2)	60.00[b]	5.00[bc]	5.00[d]
GA3 (0) + TDZ (3)	28.00[d]	2.00[d]	3.12[e]
GA3 (0,5) + TDZ (3)	69.16[b]	5.91[b]	7.16[c]
GA3 (1) + TDZ (3)	67.50 [b]	5.91 [b]	7.25[c]
GA3 (1,5) + TDZ (3)	61.66[b]	4.03[c]	5.40[d]
GA3 (2) + TDZ (3)	42.00[c]	2.15[d]	5.80[d]
GA3 (0) + TDZ (4)	0.00[e]	0.00[d]	0.00[f]
GA3 (0,5) + TDZ (4)	0.00[e]	0.00[d]	0.00[f]
GA3 (1) + TDZ (4)	0.00[e]	0.00[d]	0.00[f]
GA3 (1,5) + TDZ (4)	0.00[e]	0.00[d]	0.00[f]
GA3 (2) + TDZ (4)	0.00[e]	0.00[d]	0.00[f]

As médias seguidas de letras diferentes são significativamente diferentes a ***p = 0,05*** *de acordo com o teste LSD.*

Referências

Alireza Monadi e Ali Rezaie (2013). Avaliação dos efeitos sedativos e pré-anestésicos do extrato *de Viola odorata* Linn. Extrato comparado com o diazepam em ratos. Bull. Env. Pharmacol. Life Sci., Vol 2 (7) junho de 2013: 125-131.

Antil V, Kumar P, Kannappan N, Diwan A, Saini P, Singh S (2011) Avaliação da atividade analgésica das partes aéreas de *Viola odorata* em ratos. J Nat Pharm 2:24-27.

Anzidei M, Bennici A, Schiff S, Tani C, Mori B (2000). Organogénese e embriogénese somática em Foeniculum vulgare: observações histológicas do desenvolvimento da génese do embrião calo, cultura de células vegetais, tecidos e órgãos 61(1): 69-79.

Arora DS, Kaur GJ (2007) Atividade antibacteriana de algumas plantas medicinais indianas. J Nat Med 61(3):313-317.

Arunkumar B, Sonappanavar D, Jayaraj M (2011). Calogénese rápida in vitro e rastreio fitoquímico de calo de folha e folha de *lonidium suffruticosum,* Ging - uma erva medicinal sazonal mulitpotente. World J of Agri Sci 7 (1): 55-61.

Baratali Siahsar, Mohammad R., Abolfazl T. e AbdolShakoor R. (2011). Aplicação da Biotecnologia na Produção de Plantas Medicinais. American-Eurasian J. Agric. & Environ. Sci., 11 (3): 439-444.

Barekat T, Otroshy M, Samsamzadeh B, Sadr arhami A, Mokhtari A (2013). Uma nova abordagem para quebrar a dormência e a germinação de sementes em *Viola odorata* (uma planta medicinal).JNAS J 2 (10): 513-516.

Benech RL, Giallorenzi M, Frank J e Rodrigvez V. 1998. O fim da dormência imposta pelo casco nos grãos de cevada em desenvolvimento está correlacionado com alterações nos níveis e na sensibilidade embrionária ao ABA. Seed Sci. Res. 9:39-47.

Medicamentos botânicos e derivados de plantas: Mercados Globais (2015). http://www.bccresearch.com/market-research/biotechnology/botanical-plant-derived-drugs-report-bio022g.html.

Cantliffe DJ. 1991. A benziladenina na solução de priming reduz a termodormência das sementes de alface. HortTechno. 1:95-9.

Carpenter WJ e Boucher JF. 1991. A preparação melhora a germinação de sementes de amor-perfeito a altas temperaturas. Hort Sci. 26:541-44.

Castillo PD, Jordan A (1997). A organogénese de rebentos de alta frequência induzida por Thidiazuron a partir de calos derivados de folhas de trepadeiras medicinais, *Tylophora indica* (Burm F.) Merrill. In Vitro Cell. Dev. Biol Plant 41:124-128.

Corbineau F, Black M e Come D. 1993. Indução de termodormência em sementes de Avena sativa. Seed Scien Res. 3(2): 111-117.

Cragg GM, Newman DJ (2001). Natural product drug discovery in the next millennium. Pharm Biol 39 Suppl 1: 8-17.

Dabauza M, Pena L (2001). Organogénese de alta eficiência em tecidos de pimentão (Capsicum annuum L.) a partir de diferentes explantes de plântulas. Plant grow Regul 33: 221-229.

Darwin DM (2010). Capacidades anticancerígenas e quimiossensibilizadoras da cicloviolacina 02 de Viola odorata e dos ciclotídeos de psila de *Psychotria leptothyrsa.* Biopoly 40: 617 - 25.

Das B. K., M. M. Al-Amin, S. M. Russel, S. Kabir, R. Bhattacherjee,1 e J. M. A. Hannan (2014). Triagem fitoquímica e avaliação da atividade analgésica de *Oroxylum indicum.* Indian J Pharm Sci.; 76(6): 571-575.

David C. IRELAND, Michelle L. Colgrave e David J. CRAIK (2006). Um novo conjunto de ciclotídeos de Viola odorata: variação da sequência e implicações para a estrutura, função e estabilidade. Biochem. J. 400, 1-12.

David CI (2006). Um novo conjunto de ciclotídeos de Viola odorata: Variação da sequência e implicações para a estrutura, função e estabilidade. Biochem J 400: 112.

David J. Craik (2010). Descoberta e aplicações dos ciclotídeos vegetais. Toxicon 56; 1092-1102.

David J. Craik (2015). Avanços na pesquisa botânica (cicotideos vegetais) *Volume* 26. Academic Press, Elsevier, EUA.

Dimech AM, Cross R, Ford R, Taylor PW (2007). Micropropagação de *lírio Gymea* (Doryanthes excels Correia) de New South Wales, Austrália. Plant Cell Tiss Organ Cult 88: 157-165.

Ebrahimzadeh MA, Nabavi Sf, Nabavi SM, Slami BE. 2010. Atividade antioxidante e de eliminação de radicais livres de *H. officinalis* L. var. angustifolius, *V. odorata, B.* hyrcanaand C. speciosum. Pak J Pharm Sci. p:29-34.

Ebrahimzadeh, M.A., S.F. Nabavi, S.M. Nabavi e B. Eslami. 2010. Atividade anti-hipóxica e antioxidante das sementes de Hibiscus esculentus. Grasas Aceites, 61(1): 30-36.

EbrahimzadehMA, Nabavi S f, Nabavi S M, Eslami B (2010). Atividade antioxidante e de eliminação de radicais livres de *H. officinalis* L. var. *angustifolius, V. odorata, B. hyrcana* e *C. speciosum.* Pak J Pharm Sci 23(1): 29-34.

Estaji A, Hosseini B, Dehghan E e Pirzad A. 2012. Tratamentos de sementes para superar a dormência de Nuruozak *(Salvia leriifolia* Bent). Int Res J of Applied and

Basic Scien. 3(10): 2003-2008.

Foley ME. 2004. Dormência de sementes de Euphorbia esula. Ciência das ervas daninhas. 52:74-77.

Geneve RL. 2008. Dormência de sementes em espécies comerciais de hortaliças e flores.

Gustafson KR, McKee TC e Bokesch HR. 2004. Anti-HIV cyclotides Curr Protein Pept Sci. p: 331-40.

Gaspar T, Kevers C, Penel H, GreppinDM, Reid A (1996). Hormonas vegetais e reguladores do crescimento das plantas em cultura de tecidos vegetais. Cambri Univer Press 32: 305 - 315.

Gerlach SL, Rathinakumar R, Chakravarty G, Goransson U, Wimley WC, Darwin SP, Mondal D. (2010). Capacidades anticancerígenas e quimiossensibilizadoras da cicloviolacina 02 de Viola odorata e psyle cyclotides de *Psychotria leptothyrsa.* Biopolímeros. 94(5):617-25.

GustafsonKR, McKee TC, Bokesch HR (2004). Ciclotídeos anti-HIV. Curr Protein Pept Sci 5 (5): 331-40.

Hammami I, Kamoun N, Rebai A (2011) Biocontrolo de *Botrytis cinerea* com óleo essencial e extrato de metanol de Viola odorata L. fl owers. Arch Appl Sci Res 3(5):44-51.

Henriques ST, Huang YH, Rosengren KJ, Franquelim HG, Carvalho FA, Johnson A, Sonza S, Tachedjian G, Castanho MA, Daly NL, Craik DJ (2011). Descodificação da atividade membranar do ciclotídeo kalata B1: a importância dos fosfolípidos fosfatidiletanolamina e da organização lipídica nas actividades hemolítica e antiHIV. J Biol Chem 286(27):24231-24241.

Huttenman CA, Preece JE (1993). Thidiazuron: uma citocinina potente para a cultura de tecidos de plantas lenhosas. Plant Cell Tissue and Organ Cul 33: 105-119.

híbridos criados in vitro sob diferentes regimes de reguladores de crescimento de plantas. Pak. J. Bot31: 37-40.

Ilkay Erdogan Orhan, Fatma Sezer Senol, Sinem Aslan Erdem, I. Irem Tatli, Murat Kartal e Sevket Alp (2015). Potencial Inibitório da Tirosinase e Colinesterase e Caracterização Flavonoide de *Viola odorata* L. (Violeta Doce). Phytother. Res.

Iqbal Ahmad, Farrukh A. e Mohammad O (2006). Modern Phytomedicine (Turning Medicinal Plants into Drugs). WILEY-VCH Verlag GmbH & Co. KGaA, Weinheim.

Ireland DC, Colgrave ML e Craik DG. 2006. Um novo conjunto de ciclotídeos de *Viola odorata:* variação da sequência e implicações para a estrutura, função e estabilidade. Biochem J.p:1-12.

Jafarkhani Kermani M (2010). Pegah Khosravi, Somayeh Kavand. Otimização da propagação in vitro de *Rosapersica.* Iranian J of Genetics and Plant Breeding Vol. 1, No. 1, December .

Khattak SG, Gilani SN, Ikram M (1985) Estudos antipiréticos sobre algumas plantas medicinais indígenas do Paquistão. J Ethnopharmacol 14:45-51.

Koorneef M, Bentsink L, Hilhorst Seed H. 2002. Dormência e germinação. Biol. vegetal 5: 33-36.

Kuldeep Yadav, Narender S. e Sharuti V. (2012). Cultura de tecidos vegetais: uma ferramenta biotecnológica para resolver o problema da propagação de plantas medicinais multiuso ameaçadas de extinção na Índia. Jornal de Tecnologia Agrícola, Vol. 8(1): 305-318.

Lim T. k. (2014). Plantas Medicinais e Não Medicinais Comestíveis Volume 8, Flores. Springer Dordrecht Heidelberg New York London.

Lopez F. 2005. Remover de registos marcados Avaliação de vários métodos de escarificação para a quebra de dormência de *Euphorbia heterophylla* L. IV Congreso Nacional de Ciencia de Malezas. pp. 727-728.

Lord AM (1983). Comparative Flower Development in the Cleistogamous Species *Viola odorata.* I. Um estudo da taxa de crescimento.Ameri J Bota 70 (10): 1548-1555.

Lord AMM. 1983. Desenvolvimento comparativo da flor na espécie cleistogâmica *Viola odorata.* I. Um estudo da taxa de crescimento. Ameri J of Bota. p: 1556-1563.

lreland DC,Colgrave M L, e Craik D J (2006). Um novo conjunto de ciclotídeos de *Viola odorata:* variação da sequência e implicações para a estrutura, função e estabilidade. Biochem J, 400 (1): 1-12.

Mabberley D (1987). The Plant Book Camb.Univ Press, Cambridge, Nova Iorque.

Mabberley D. 1987. The Plant Book Camb.Univ Press, Cambridge, New York.

Mabundza M, Wahome PK e Masariramb MT. 2010. Efeitos de diferentes métodos de tratamento pré-germinativo na germinação de sementes de maracujá *(Passiflora edulis)*. PP:57- 60.

Mares DJ. 2005. Relatórios trimestrais sobre a regulação do crescimento das plantas e actividades da 32ª Conferência Anual da PGRSA. Plant Growth Regul. Soc. Am. 33(2): 78-89.

Mirici, S (2004). Alta frequência de regeneração de rebentos adventícios a partir de folhas e pecíolos de Astragalus polemoniacus Bunge endémico. Selcuk Univer Agri Faculty Public vol 18, no. 34: 31-34.

Muhammad Naeem, Naveed I., Saqlan N. M. e Mahmood T. (2013). Padronização das condições de cultura de tecidos e estimativa da atividade de eliminação livre em

Viola Odorata L. Pak. J. Bot., 45(1): 197-202.

MuhammadN, Ishrat N, Syed Muhammad S, Tariq M (2013). Padronização das condições de cultura de tecidos e estimativa da atividade de reescavação em Viola odorata L. Pak. J. Bot 45(1): 197-202.

Murashige T e Skoog F. 1962. Um meio revisto para crescimento rápido e bioensaios com culturas de tecidos de tabaco. Physiol Plant. 15: 473-97.

Nikam TD, Shitole MG (1999). In vitroculture of Safflower L. cv. Bhima: iniciação, otimização do crescimento e organogénese. Plant Cell Tiss and Organ Cultu 5: 15-22.

Norelle L. Dalya, Kirk R. Gustafsonb, David J. Craik (2004).O papel da espinha dorsal do péptido cíclico na atividade anti-HIV do ciclótido kalata B1. FEBS Letters 574; 69-72.

Payal Mittal, Vikas Gupta, Manish Goswami, Nishant Thakur e Praveen Bansal (2015). Potencial fitoquímico e farmacológico de *Viola Odorata.* Revista Internacional de Farmacognosia, Vol. 2, Edição 5: 2394-5583.

Qadir M. Imran, Muhammad Ali, Muhammad Ali, Mohammad Saleem e Muhammad Hanif (2014). Atividade hepatoprotetora do extrato metanólico aquoso de atividade hepatoprotetora do extrato metanólico aquoso de *Viola odorata* contra paracetamol contra lesão hepática induzida por paracetamol em camundongos. Bangladesh J Pharmacol; 9: 198-202.

Renata ERHATIC, Marija VUKOBRATOVIC, Tomislava PEREMIN VOLF, Vesna ZIDOVEC (2010). Propriedades morfológicas e químicas de populações selecionadas de violeta doce. Jornal da Agricultura da Europa Central, Volume No. 1 (55-64).

Shah FS, Watson CE e Cabera ER. 2002. Teste de vigor de sementes de híbridos de milho subtropical. Relatório de pesquisa. 23:56-68.

Shiv Shanker Gautam, Navneet e Sanjay Kumar (2012). Os Aspectos Antibacterianos e Fitoquímicos de *Viola odorata* Linn. Extractos contra agentes patogénicos do trato respiratório. Proc. Natl. Acad. Sci., Índia, Sect. B Biol. Sci. 82(4):567-572.

Siddiqi HS, Mehmood MH, Rehman NU, Gilani AH. (2012) Estudos sobre as actividades anti-hipertensiva e antidislipidémica do extrato de folhas de *Viola odorata.* Lipids Health Dis 11:6.

StephanR, Jayabalan N (2000). Propagação de *Coriandrum sativum* L. através de mbryogénese somática, Indi J Experimen Bio 39 (4): 387 - 389.

Tayebeh Barekat, Mahmoud Otroshy, Behnaz Samsam-Zadeh, Azadeh Sadrarhami e Arash Mokhtari (2013). Uma nova abordagem para quebrar a dormência e a germinação de sementes em *Viola odorata* (uma planta medicinal). Journal of Novel Applied Sciences. 2-10/513-516.

Thulasi Muneppa S., Chenna Reddy A. (2014). Revisão sobre Propagação de Plantas Medicinais: Um estudo abrangente sobre o papel dos extractos orgânicos naturais no meio de cultura de tecidos. Jornal Americano de Ciências Vegetais, 5, 3073-3088.

TITZ A.2004. Ervas e plantas medicinais - possibilidades de extração diversificada e sustentável. 22-26 de julho de 2004, Bangalore.

Tobyn G, Denham A, Whitelegg M (2011). *Viola odorata,* violeta doce; *Viola tricolor,* heartease. Ervas medicinais. Capítulo 32: 337-348.

Udayakumar R, Choi CW, Kim K , Kim SC, Kasthurirengan S, Mariashibu TS, Sahaya Rayan JJ , Ganapathi A (2013). Regeneração de plantas in vitro a partir de explantes de epicótilo de *Withania somnifera* (L.) Dunal. J de Plantas Medicinais Res Para 5 (10): 43-52.

Uwe Schippmann, DannaJ. Leaman e A. B. Cunningham. Impact of Cultivation and Gathering of Medicinal Plants on Biodiversity (Impacto do Cultivo e Colheita de Plantas Medicinais na Biodiversidade): Global Trends and Issues Published in FAO. 2002. Biodiversity and the Ecosystem Approach in Agriculture, Forestry and Fisheries.

Vido DAVIDOVIC, Ranko POPOVIC e Momcilo RADULOVIC (2015). Influência dos fitorreguladores IBA e NAA (0,8%) + (IBA 0,5%) na risogénese dos rebentos maduros do limoeiro (Citrus limon (L.) Burm. e Citrus meyearii Y. Tan.). AgricultForest. 61, 2: 243-250.

Viral Kumar V. Surati, Rana P. Singh, Girish K. Srivastava e Achuit K. Singh (2015). Avaliação da Atividade Antimicrobiana In Vitro e Composição do Óleo Essencial do Extrato Etanólico das Folhas *de Viola Odorata* L.. Revista Mundial de Farmácia e Ciências Farmacêuticas, Volume 4, Edição 05, 1121-1129.

Vishal A, Parveen K, Pooja S, Kannappan N, Kumar S (2009) Estudos diuréticos, laxantes e de toxicidade das partes aéreas de *Viola odorata*. Pharmacologyonline 1:739-748.

Vishwakarma UR, Gurav AM, Sharma PC (2013). Propagação in vitro de *Desmodium gangeticum* (L.) DC. A partir de explantes nodais cotiledonares. Pharm Mag 5: 145-50.

Wang J, Man ZB (2006). Regeneração de plantas de pansy *(Viola wittrockiana)* Caidie através de calo derivado de pecíolo. SciHorti 111: 266-270.

Wangj,Bao MZ (2007). Regeneração de plantas de pansy *(Viola wittrockiana)* 'Caidie.'via calo derivado de pecíolo. Scencesi Hort 89 (3): 266 - 27.

Wijowska M, Kuta E, Przywara L (1999). Cultura in vitro de óvulos não fertilizados de Viola odorata L. Ata Biol Cracov Ser Bot 17: 1-11.

Yaseen Khan, M., S. Aliabbas, V. Kumar e S. Rajkumar (2009). Avanços recentes na biotecnologia de plantas medicinais. Indian J. Biotechnol, 8: 9-22.

Zarrabi M., Dalirfardouei R., Sepehrizade Z. e Kermanshahi RK. (2013). Comparação dos efeitos antimicrobianos dos ciclotídeos semipurificados da *Viola odorata* iraniana contra algumas das bactérias patogénicas vegetais e humanas. J Appl Microbiol. 115(2):367-75.

Zhong J, Seki T, Kinoshita S, Yoshida T (1991). Efeito da irradiação de luz na produção de antocianina por cultura suspensa de Perilla frutescens. J of fermen and Bio 38: 635-658.

Zohre Feyzabadi, Farhad Jafari, Seyed Hamid Kamali, Hassan Ashayeri, Shapour Badiee Aval, Mohammad Mahdi Esfahani e Omid Sadeghpour (2014). Iran Red Crescent Med J. 16(12): e17511.

Apêndice 1. Fontes e sequências de ciclotídeos selecionados (Fonte: Craik D.J., 2010).

cidótido	Sequência[1]	Avião ' [11]	Tfemd*	Lncmia-n	KefeiHice
Halaia B]	jl. .c. . . C.GZZ Cib I.P.'.-CГC-'. . . ■ : .c: . . J	a urwus jjt) / Jiederacea (V) K adorare (V) V. lilldril'.ISIS (V)	Folhas Hnwerj Folhas Kioie avião	África Adsteaba Austrália China	Saether er aL{199-S)," Trabi er aL (200-1) Durton Є) doente (2DCM) Wang etaL (200Sb}
				China	
		V. iMujf'ianKfc (V)	Folhas i eocts		Zhang ee ai (2UD9}
Cydnpsycboizide Я	3 IP CGBS 4. CVF' P C'. 7 Tл LGCSCK. . . KVCfK . Л	P. longipes (KJ	Plano V.lbole	Arnaanji	Withertip et
Circuncisão A	i. j H C'iKSi. CVX' I. P C1 . ЙAЛLi iCSCK N . . K.CЇb . Л	Г. pcirŕi.'oiкi (K)	Barlt	África	Cuatalson et ai. (i SBd)
Varv A	i. . . .1 '. . C Г . . .e . . C': ■ ■ ■ ■ ■ t C.' i- Г= ,'C 17 Л	V. m "tsLs (R.)	Painel aéreo	Suécia	Ctaesaq er al. (1BЭB)
cydoviaJacin 02	G IP CGES,. c . . r . ■ Г. C" 2 , . RVCYR . N c cc ■ ■ зc c. ■ £ ? 7- LCHF . . N	И odorata (Vj	Qual o avião Casca	Áustria&a	Craik er aL(I<K0}
Hypa. A	G . Г F . CAE5. 4 CYTI E . C 71 ta: ■ .GCSCR1 i, .4RVCT. . . N	P. caawtensara (R) fi poruj^onrs (V) V. Jifderocea	Peças aéreas	Stii Amerka	Bokesch er al. (3DD]) Broussal is et al. 12001)
Vftrl	G- IP .CAES,4 .C ... C. ■ .. C:;C .4KVC2. . . Л.	(VJ	HACKS	Austrália	Trabi e Craik (2004)
Vhl-I Hyfl A	3- IЛ-CЬEЄЦ CAMISFCF.TFA' 1 ГiC3CKH. . -KVC1. . LN C'и'I1P -CTVTAuVGCTCKD . . K ACl. . LN	V. Jnede racea (1/) Ft Jimlundus (V)	Folhas Pares aéreos	Austrália Austrália	Chen et aL{2005) Junonsen es al. (2005)
Triryrlan A cidoviniacina Yl	GGTI FUGIU. .Cl . C '. ГK . i.5C!-:C< i-. . . C 4N oati. rpccвт. ., -Є' ■ . ,Cl. : ■ ■ . -exe i- . . Л	V. cncalof (V) V.yedoenstr (V}	Pares aéreos Folhas	cultivado China	Muivenna et aL (2005) Wang etaL(200Sb}
CD-I V*IE	. ... IC -Fi. . c ■ ■. r ■ ■ ■ ■ ■ c'ic .кyCн-. Л G IP .CAES. . .C. CZF.-C-' 'TAIIИKИЦ. . 4 HVC'f. . Л	C ducohr{*J V. bijlora (V)	Planta inteira Qual o avião	América do Sul Suécia	Gruber er al. (20№) Herrmann et aL (2009)
кaïara вia	G VP CAES. . . .c . . .c.. ' Lfc.-c . . . . .C-: . Л	Célula, cultura (OL qrtiiitsi	IЛ vitro	AJricj	Seydei er at (2007)
N£□11-31	GG V 4 CFKILKKCr^DSIiCPGA -x CICRG] 1GY_ CG3GGD	M. ciKJijnehutfsls (£)	Sementes	Ásia	Hem et al.(2001)

a Os resíduos de Cys estão a negrito. A espinha dorsal é ciclizada cabeça-cauda, indicada pelas linhas pretas que unem Gly-1 com Asn-29 no protótipo de ciclotídeo kalata B1. As sequências de todos os ciclotídeos conhecidos encontram-se em CyBase(www.cybase.org.au).

b As famílias de plantas incluem: Rubiaceae (R), Violaceae (V) e Cucurbitaceae (C).

c Os nomes das espécies incluem: Oldenlandia affinis, Viola hederacea, Viola yedoensis, Viola baoshanesis, Chassalia parvifolia, Parlicourea condensata Viola odorata, Viola biflora, Hybanthus parviflorus, Viola arvensis, Psychotria longipes, Viola tricolor, Chassalia discolor, Hybanthus floribundus e Momocordica cochinchinesis.

d Os rendimentos variam de um ciclotídeo para outro e de um tecido para outro, mas alguns ciclotídeos são altamente abundantes; por exemplo, o kalata B1 está presente numa quantidade de 1 g/kg de material vegetal seco (Gran, 1973).

e A sequência da kalata B1 foi determinada pela primeira vez por Saether et al. (1995) com base num relatório de Sletten e Gran (1973).

Printed by Books on Demand GmbH, Norderst